云网融合架构基础教程

贾如春 ◎ 总主编

甘忠平 李 英 ◎ 主 编

李慧敏 董 莉 陆克司 ◎ 副主编

清华大学出版社

北京

内 容 简 介

本书从云网融合概述入手,从云计算网络的发展动力到云计算网络的基本特征,从云计算网络各部分的细节到云计算网络的关键问题,从云计算网络的业务到目前网络向云计算网络的演进,从云计算网络的融合到对未来的展望,详细地进行了论述。本书共分为 8 章,内容包括云网融合概述、云计算基础、电信云、新一代网络架构、叠加网络技术、网络功能虚拟化、数据中心网络、数据中心的资源汇聚技术等。

本书适合国内云计算网络、新一代网络建设、网络管理、系统集成行业的开发人员、技术工程师、售前与售后技术支持人员学习。

图书在版编目(CIP)数据

云网融合架构基础教程/贾如春总主编;甘忠平,李英主编. —北京:清华大学出版社,2024.5
ISBN 978-7-302-66255-6

Ⅰ.①云… Ⅱ.①贾… ②甘… ③李… Ⅲ.①云计算 Ⅳ.①TP393.027

中国国家版本馆 CIP 数据核字(2024)第 095634 号

责任编辑:郭 赛 薛 阳
封面设计:杨玉兰
责任校对:郝美丽
责任印制:沈 露

出版发行:清华大学出版社
  网 址:https://www.tup.com.cn,https://www.wqxuetang.com
  地 址:北京清华大学学研大厦 A 座   邮 编:100084
  社 总 机:010-83470000   邮 购:010-62786544
  投稿与读者服务:010-62776969,c-service@tup.tsinghua.edu.cn
  质量反馈:010-62772015,zhiliang@tup.tsinghua.edu.cn
  课件下载:https://www.tup.com.cn,010-83470236
印 装 者:三河市龙大印装有限公司
经 销:全国新华书店
开 本:185mm×260mm   印 张:12.75   字 数:296 千字
版 次:2024 年 6 月第 1 版   印 次:2024 年 6 月第 1 次印刷
定 价:46.00 元

产品编号:101399-01

前　言

党的二十大报告提出"实施科教兴国战略,强化现代化建设人才支撑"。深入实施人才强国战略,培养造就大批德才兼备的高素质人才,是国家和民族长远发展的大计。为贯彻落实党的二十大精神,筑牢政治思想之魂,编者在牢牢把握这个原则的基础上编写了本书。

云计算是一种超级计算模式,它通过 Internet 为用户提供按需取用、按用量付费的IT 资源,旨在将计算、存储、网络等 IT 资源的获取变得像自来水和电力一样方便。云计算近年来得到了快速发展,已经成为企业架构的主流组件。尤其是在跨数据中心互联的背景下,云计算网络可用于实现云计算基础设施构建,以及虚拟网络资源的对外提供。

为此,编者结合企业实际案例及院校人才培养方案的要求和学生就业发展的实际需要,编写了这本书。本书试图帮助读者梳理云网络相关通信技术与协议,把握最新的网络技术发展趋势,更好地搭建云计算基础设施,实现云计算的成本效益,提供更可靠、更灵活的服务交付。

本书的主要内容是云计算和互联网之间的融合,为构建云基础设施提出必要的技术原则。随着网络范围的日益扩大,传统网络的设计思想无法从根本上满足信息网络高速、高效、海量等通信需求,难以解决网络可扩展性、移动性、安全性等问题,更难以满足网络资源的高效利用、节约能源等需求。"智慧协同网络理论基础研究"提出了一种新的智慧服务层工作原理与设计方案,实现了服务智慧化,提升了用户体验。

本书特点:

(1) 紧跟时代,与时俱进。

为确保本书的内容紧跟时代潮流,帮助学生掌握最新信息,书中所有行业信息、调查报告、市场行情和统计数据等内容均基于云计算领域最新的技术进展和业界动态。

(2) 循序渐进,通俗易懂。

本书的内容安排遵循"有序组织,去粗取精,渐入佳境"的原则,对知识体系进行了梳理、取舍和创新,力求用最凝练的篇幅让读者学到云网融合方面最有用的知识;在讲解方式上,采用了平实朴素、贴合实际的语言风格,力求用通俗易懂的语言为学生讲清高深的概念。

(3) 图文并茂、由浅及深。

本书内容翔实、语言流畅、图文并茂,较好地将学习与应用结合在一起。内容由浅入深,循序渐进,适合各个层次的读者学习。

本书由多年从事通信工程领域研究、经验丰富的行业专家与任课教师甘忠平、李英、李慧敏、董莉、陆克司共同编著而成。本书所有知识点都结合具体实例和程序讲解,便于读者理解和掌握。在编写过程中,编者参考了国内外有关论著和相关网站上的资料,在此向相关作者表示诚挚的谢意。云网融合是一项全新的技术,由于笔者水平有限,加之时间仓促,书中难免有不足之处,敬请广大专家、学者批评指正。

编　者

2024 年 5 月

目 录

第1章 概　　述

近年来,云网融合成为信息通信产业最重要的发展趋势。随着云服务的不断普及,网络在云服务中的地位和角色也需要重新定义,除提供连接通道外,网络基础设施需要更好地适应云计算应用的需求,并能更好地优化网络结构,以确保网络的灵活性、智能性和可运维性。

学习目标

- 了解云网融合的背景
- 理解云网融合服务能力框架
- 理解云上网的数据传输

能力目标

- 理解云网融合
- 掌握云下网的构建
- 掌握云网融合的应用

相关知识

1.1　云网融合概述

1.1.1　云网融合的背景

近年来,随着我国云计算领域的不断发展以及政策的大力推动,企业在云端部署信息系统已经成为一种趋势,企业上云意识和能力不断增强。为了保障企业上云的正常进行,企业对网络的需求也在不断变化,单纯的"大带宽、低时延"已经不能满足企业"多系统、多场景、多业务"的上云要求。

在这种场景下,业务需求和技术创新并行驱动加速网络架构发生深刻变革,云和网高度协同,不再各自独立,云网融合的概念应运而生。当前,云网融合已经成为云计算领域的发展趋势。云计算业务的开展需要强大的网络能力的支撑,网络资源的优化同样要借鉴云计算的理念。随着云计算业务的不断落地,网络基础设施需要更好地适应云计算应用的需求,并能更好地优化网络结构,以确保网络的灵活性、智能性和可运维性。

云网融合是基于业务需求和技术创新并行驱动带来的网络架构深刻变革,使得云和网高度协同、互为支撑、互为借鉴的一种概念模式,同时要求承载网络可根据各类云服务需求按需开放网络能力,实现网络与云的敏捷打通、按需互联,并体现出智能化、自服务、高速、灵活等特性。云网融合示意图如图 1-1 所示。

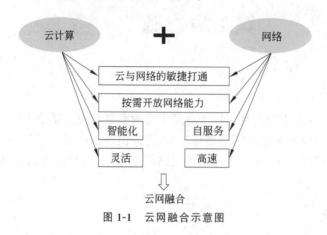

图 1-1 云网融合示意图

1.1.2 云网融合和数据中心网络

自 20 世纪 90 年代起,小型计算机系统开始逐步地部署在专用的机房中,也就是人们常说的数据中心。各大企业在机房内投入了大量的网络设备。在第一次互联网泡沫期间,数据中心的建设极度膨胀。企业需要快速的互联网接入能力以及无停歇的运营来部署相关系统,以求在互联网上占有一席之地。与此同时,企业还开始用各种各样的方法部署大型数据中心设施,来为用户提供智慧服务。

进入 21 世纪,数据中心的规模急剧扩张,到 2007 年,平均每个数据中心要消耗超过 25 000 个家庭所消耗的能源。移动互联网、大数据等正在以史无前例的力量和速度改变着世界,以智能手机和各种物联网传感设备为代表的各种各样的智能终端不断涌现并快速增长,这些都给数据中心基础架构的计算、存储、网络带来了巨大的需求。平均每年有超过 575 万台服务器被部署,而需求还在按照每年 10% 的速度增长。

传统数据中心纷纷开始应用云计算技术,通过部署云数据中心(Cloud Data Center),对计算、存储和网络等资源进行虚拟化和模块化,使用户可以按需调用各种资源,从而满足新形势下业务部署和运营管理的需求。其中,云数据中心网络是连接数据中心大规模服务器的桥梁,也是承载网络化计算和网络化存储的基础。当前大量应用的开发部署、数据的爆发式增长等对数据中心网络提出了新的挑战。一方面,虚拟机规模大幅增长、虚拟机动态迁移、计算弹性按需提供,带来了网络流量边缘化、地址管理、大二层网络以及动态弹性网络部署等挑战和需求;另一方面,多租户服务模式带来多租户网络隔离、自定义网络以及自动化部署等新的网络需求,要求所有资源都能够按需获取。现有的网络技术和架构已经难以满足云数据中心的新需求,亟待寻找新的网络解决方案。

数据中心内部日益庞大的计算资源对数据中心内部的网络架构提出了更高的要求,不再满足于初期简单的网络设备互连。现代的数据中心通信网络通常都是基于 IP 协议的,网络主要由路由器和交换机组建而成,用来传输服务器之间以及和外界之间的流量。互联网接入的稳健性通常由多家互联网服务提供商(Internet Service Provider,ISP)来完成。数据中心运行着用户和设施所需要的一些基础的互联网和本地局域网服务。同时,网络安全是至关重要的一环,数据中心常常会部署防火墙、虚拟专用网络网关、入侵检测系统等。网络检测系统和站点状态检测是典型部署环境的一部分,主要用于预防数据中心内部的通信故障。

1.1.3 云网融合和网络虚拟化

构架于云上的网络(即服务),是指云服务供应商将网络能力开放出来给第三方用户使用,通常会涉及网络虚拟化的内容。常见的服务模型有以下几种。

1. 虚拟专用网络

虚拟专用网络是将专用网络及内部的资源扩展并穿越另外一个网络,如公共互联网。它允许接入的用户在共享的公有网络上像私有专用网络内的用户一样使用相关的专用网络功能和策略。虚拟专用网络通常使用隧道技术来实现,如图1-2所示。常见的协议有互联网安全协议(Internet Protocol Security,IPSec)、第二层隧道协议(Layer Two Tunneling Protocol,L2TP)、点对点隧道协议(Point-to-Point Tunneling Protocol,PTP)、基于 OpenSSL 库的应用层 VPN(Open Virtual Private Network,OpenVPN)。

图 1-2　使用隧道技术穿越其他网络

2. 动态带宽分配

在这种模式内,网络带宽不是预先配置好的静态信息,而是根据用户或者结点的需求动态更新的。用户可以根据自己的需求,动态地请求在哪个时间、哪个位置需要多大的带宽,然后由云服务供应商对应地对需求进行满足。

3. 虚拟移动网络

在移动通信领域中,网络即服务可以定义为移动通信网络即服务,由移动网络基础设施服务供应商搭建通用的移动网络云,在上面开放出相应的移动网络能力作为智慧服务给虚拟运营商使用,若干虚拟运营商之间享受的服务相互独立。

1.2　云网融合服务能力框架

1.2.1　云专网

云网融合的服务能力是基于云专网提供云接入与基础连接能力,通过与云服务商的云平台结合对外提供覆盖不同场景的云网产品,如云专线、软件定义广域网(Software Defined Wide Area Network,SD-WAN)并与其他类型的云服务(如计算、存储、安全类云服务)深度结合,最终延伸至具体的行业应用场景,并形成复合型的云网融合解决方案。

云网融合服务能力框架如图1-3所示,主要包括以下3个层级。

图 1-3　云网融合服务能力框架

（1）最底层为云专网。云专网为企业上云、各类云互联提供高质量、高可靠的承载能力，是云网融合服务能力的核心。

（2）中间层为云平台提供的云网产品。包括云专线、对等连接、云联网、SD-WAN 等云网产品，这些都是基于底层云专网的资源池互连能力，为云网融合的各种连接场景提供互连互通服务。

（3）最上层为行业应用场景。基于云专网与云网产品的连接能力，并结合其他类型的云服务，云网融合向具体的行业应用场景拓展，并带有明显的行业属性，体现出"一行业一网络"，甚至"一场景一网络"的特点。

云专网为企业上云、各类云互联提供高质量、高可靠的承载能力，是云网融合服务能力的核心。云专网由底层基础运营商网络和上层重叠网络（Overlay Network）共同组成，其中，基础运营商网络需要在光缆资源、数据中心数量、网络服务点数量、云连接结点、光纤资源等网络资源上做到全方位的覆盖，以提供端到端的服务质量保证，同时上层重叠网络大量引入软件定义网络（Software Defined Network，SDN）与网络功能虚拟化（Network Functions Virtualization，NFV）技术，以保证网络的灵活性和拓展性。

1.2.2　云网产品

云专线、对等连接、云联网、SD-WAN 等云网产品，这些都是基于底层云专网的资源池互连能力,为云网融合的各种连接场景提供互连互通服务。其中,云专线提供本地计算环境与云资源池互连能力,例如,中国电信的 IP RAN 云专线、CN2 云专线、PON 云专线、移动网入云等。对等连接提供同一云服务商的跨地域资源池互连能力,而云联网和 SD-WAN 则聚焦于多云互联、企业组网等场景。

1.3 软件定义的必要性

1.3.1 按需管理的挑战

随着云计算的规模不断增长,服务器和存储设备在不断更新换代,包括网络接口、虚拟化技术、IP 协议演进等,都对其数据中心内部的基础网络的稳定性提出了巨大的挑战。云计算产生的巨大流量迫使网络使用诸如以太网光纤通道(Fibre Channel over Ethernet,FCoE)融合网络、无分组丢失以太网等技术来缓解流量压力。在传统的数据中心中,服务器设备相对静态,对应的网络组建和配置相对固定,配置和维护都相对简单。然而演进到云网络之后,一方面,计算虚拟化技术的大量应用需要大范围、动态地调度和迁移,需要云下的基础网络能够动态、快速地对相应配置按需做出更改;另一方面,云上的虚拟网络同样需要针对不同的智慧服务要求进行动态配置。面对新时期动态化、虚拟化的要求,如果依然采用传统的硬件定义、软件管理的模式,将极大地增加运营维护难度,同时将增加成本而降低服务效率。云计算对资本性支出(Capital Expenditure,CAPEX)和运营成本(Operating Expense,OPEX)带来的挑战如图 1-4 所示。

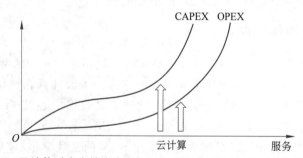

图 1-4 云计算对资本性支出(CAPEX)和运营成本(OPEX)带来的挑战

使用软件定义的方式,网络资源可以真正做到按需分配,不是为每个服务器、每个集群之间固定地架设网络、预留带宽,而是配置更新时以下发指令的形式进行,不再需要逐一手动配置网络和连线。从这个角度上讲,软件定义能够解决以下问题。

(1) 硬件资源的利用效率低下。

(2) 资源分配笨拙而缺乏弹性。

(3) 服务部署受制于已有的网络硬件,耦合度高。

(4) 更改配置往往意味着重新规划和部署硬件网络设备、重新连线。

使用软件定义和虚拟化技术,能够对网络资源功能和某一具体的硬件网络设备解耦合,能极大地方便整个网络的规划、部署、配置和再生产,对解决当前云数据中心内部爆发式的需求增长是很有帮助的。

这样,软件定义就将服务提供商从软件管理网络的模式中解放了出来,降低了管理难度,节省了大量的 CAPEX 和 OPEX,帮助服务提供商将工作做得更简单、更轻松、更好。除此之外,软件定义还能够解决一系列传统模式难以解决的问题。

在常规的云计算环境中,云上的虚拟网络和云下的基础网络相对独立,虚拟网络常以叠加网络的形式覆盖在基础网络上,建立在一个或者多个已存在的基础网络上,通过增加额外的、间接的、虚拟的层来改善下层基础网络部分领域中的一些属性。然而,由于叠加网络和基础网络,以及各个叠加网络之间寻求目标的不一致,它们之间存在着一定的策略冲突。现有叠加网络的生成,在结点部署、拓扑构建、网络映射等环节上存在着对基础网络不友好等问题。例如,有必要支持根据服务质量(Quality of Service,QoS)需求为叠加网络应用分配资源及路由选择,平衡叠加网络结点和路径间的流量分布,降低叠加流量对非叠加流量的不利影响。

解决叠加网络和基础网络之间矛盾的思路大多考虑了基础网络的能力和拓扑,旨在提高叠加网络的性能并减少网络生成的代价。基于软件定义的思路有助于从基础网络的能力组织和拓扑结构的整体视角进行性能优化。在具体的映射生成上,可以从现有的结点优先映射的双阶段算法转变为结点和链路同时映射的单阶段算法。

使用软件定义的方式,可以通过简单编程来添加、删除或修改数据平面功能,从而减少维护的复杂性,并减少基于硬件的不灵活的数据平面元素中经常出现的生命周期成本。对接口进行简单修改来获取新的数据平面功能可以增强网络应用和控制平面元素,提高工作效率。网络路由优化、安全、策略、QoS、流量工程等,都可在控制平面得到解决,网络控制逻辑则作为网络操作系统上面的应用而存在。

1.3.2 软件定义网络的现状

软件定义网络(Software Defined Networking,SDN)作为一种新型网络技术,被认为是解决云数据中心诸多网络问题的重要手段。它弥补了云计算在网络虚拟化方面的短板,使计算、存储和网络得到了进一步整合,软件定义数据中心(Software Defined Data Center,SDDC)方案应运而生。SDDC 概念最早由 VMware 公司在 VMworld 2012 大会上提出。还有诸如"软件定义云数据中心""基于 SDN 的云数据中心"等不同的说法。其核心是通过软件定义的理念将网络的智能控制功能剥离出来并交给集中的网络操作系统,赋予云数据中心网络更灵活的能力,使云数据中心内所有资源和服务抽象化、池化和自动化并作为软件交付,并可通过策略驱动的智能软件进行管理。

OpenFlow 协议出现后不久,美国斯坦福大学于 2008 年提出了 SDN 的概念,SDN 迅速成为国内外的研究热点。同时,学术界对数据中心的研究给予了高度关注,SIGCOMM、INFOCOM 等国际会议均开辟了专门的数据中心研讨专题,汇聚相关领域的前沿研究成果。自 2013 年以来,SDN 陆续在数据中心得到了部署应用。数据中心网络往往由单个实体进行管理,因而其全局拓扑、流量信息和日志信息都可以得到,利用这些信息辅助协议和网络结构设计具有很大的研究价值。

1.4 智慧服务云下网的构建

1.4.1 网络拓扑架构

现有的数据中心网络主要依靠交换机、汇聚交换机、核心交换机/路由器将服务器连接起来构成树状结构,然而树状结构的高带宽收敛比很难达到数据中心网络所追求的高可扩展、容错性好、高聚集带宽等目标。同时,应用服务(如搜索引擎等)对服务器间数据交换的带宽要求越来越高。目前提出的数据中心网络结构主要分为两大类,即以交换机为中心和以服务器为中心的数据中心网络结构。

在以交换机为中心的方案中,网络流量路由和转发全部由交换机或路由器完成。这些方案大多通过改变现有网络的互联方式和路由机制来满足新的设计目标。PortLand和 VL2 中交换机彼此连接成各种树状结构,服务器仅通过一个网络端口与接入层交换机相连。这种结构通过在树状结构上层横向增加更多的交换机来提供网络冗余,故被称为以交换机为中心的类树或扁平结构。

在以服务器为中心的结构中,主要的互连和路由功能由服务器完成。采用迭代方式构建网络拓扑避免了位于核心层交换机的瓶颈。服务器不仅是计算单元,还充当路由结点,因此,服务器之间拥有多条可用的不相交叠加路径。此外,服务器通常还拥有多个网络端口接入并连接网络,使得网络具有大量冗余的链路和平行路径以支持各种类型的流量模式。它们或者仅将交换机作为类似于 Crossbar 的交换功能使用。

传统的诸如 DHCP 类的协议无法在这种场景下应用,自动配置可以降低人力成本并减少配置出错的风险。诸如 VL2、DCel 等体系结构将位置和拓扑信息编码到服务器或交换机的地址中,从而提高了路由的性能。针对拓扑已知甚至未知的数据中心网络,已经出现了低开销、高可靠和易管理的自动地址配置方法。

1.4.2 网络流量管理

网络流量特征是进行流量管理的基本依据。数据中心网络流数目巨大,且绝大部分的流均为小流,并具有极强的突发性和动态性,这对网络流量管理提出了严峻的挑战。在流分布上,在采用三层结构(核心层、汇聚层、边缘层)的数据中心网络中,核心层通常具有较高的链路利用率,而汇聚层和边缘层则相对较低。核心层链路利用率高于汇聚层和边缘层,但分组丢失率却相反;核心层链路利用率是汇聚层的 4 倍,95% 的汇聚层链路利用率不超过 10%。这表明流的分布并不均匀,核心层相对集中且稳定,而其他层分布较少但突发性高,导致丢失率高。

运行不同类型应用的数据中心的流量模式是不同的,从而使得其流量特征不尽相同。采用不同架构的数据中心网络,其失效规律不一样。虽然已经有了一些关于数据中心流量特征和失效规律的测量和研究,但全面理解数据中心流量和失效特征有待进一步测量与建模分析,以便设计者理解数据中心的特性和探索新的网络结构及失效管理机制。数据中心网络中的路由机制期望考虑和满足时延、可靠性、吞吐量和节能方面的要求,这包括数据中心内和数据中心之间的流量工程问题,比如其虚拟机位置可变、拓扑可知,并且可以使用中心化的方法进行流量工程。已采用的方案,包括等价多路径(Equal Cost Multi-Path,ECMP)和负载平衡(Valiant Load Balancing,VLB)等,虽然能在一定程度上分散网络流量,但不能根据路径的负载进行动态调度,可能会导致网络局部拥塞。

1.4.3　带宽共享机制

目前数据中心网络的带宽共享机制主要有两种思路:一是基于竞争,二是基于预留。基于竞争方案的基本思路是在虚拟机或租户级别实现带宽竞争,和传统的基于传输控制协议(Transmission Control Protocol,TCP)流的竞争方式不同,这种竞争方式可以防止应用程序通过增加流数目的方式来骗取网络资源,确保一定的公平性。典型的基于竞争的带宽共享机制包括 Seawall 和 FairCloud 等。SeaCloud 通过一个集中控制的管理器,根据每个服务的不同需求为其分配对应的权值,最后根据权重对全网的带宽资源以 Max-Min Fairness 的方式进行分配。相对于传统的模式,这种基于租户需求指定权值进行分配的模式具备更高的灵活性。

相对于基于竞争的方案,基于预留的方案可以提供真正的带宽“保障”,比较常见的模型包括流量矩阵模型和“软管”模型。流量矩阵模型确定每一对虚拟机之间的带宽需求,而软管模型只限制每个虚拟机的进出总带宽。这两种预留模型比较典型的机制包括 SecondNet 和 Oktopus 等,它们把抽象的网络订购映射到实际的物理网络,并且提供了虚拟机的计算资源和交换机的网络资源的联合优化。

1.4.4　软件定义云网络

作为云计算的基础设施,数据中心往往由独立机构统一建设和运营,管理实体单一,天然符合 SDN 所需要的集中控制要求,使其可以比 Internet 更适合进行中心化的控制与管理。由于数据中心的数据流量大,交换机层次管理结构复杂,服务器和虚拟机需要快速配置和数据迁移。创建软件定义的可定制云数据中心网络基础设施,是提高网络性能、实现多租户网络共享及控制网络能耗的基本保障。

将 OpenFlow 技术引入数据中心网络,并采用 NOX 控制器实现了两种比较典型的数据中心网络——PortLand 和 VL2 的高效寻址和路由机制,应用流表来扁平化网络处理层次。Ripcord 同样实现了这两种数据中心的路由引擎原型系统,并支持网络动态管理,增加了网络健康度监控和自动报警功能。ElasticTree 设计了一个在数据中心部署的能量管理器,可以动态调节网络元素(链路和交换机)的活动情况,在保证数据中心流量负载平衡的情况下,达到节能的目的。

云数据中心通常是广域网,建网成本高,需承载多租户、多业务,但受限于传统的分布式路由计算及匮乏的网络整体资源,链路带宽利用率较低。在全局集中管控下,可以进行统一的计算和调度,实施灵活的带宽按需分配,最大限度地优化网络。例如,OpenQoS 通过基于 SDN 执行并行的路由算法实现多媒体传输应用,Jellyfish 使用 OpenFlow 寻找 k 最短路径,MicroTE 使用 OpenFlow 实现流量工程等。然而,集中调度的算法需要频繁地对流进行调度。一种可行的改进是仅对大象流(ElephantFlow)进行调度,研究表明,在流的大小服从指数分布、到达时间间隔服从泊松分布的情况下,对大象流进行调度可以获得较高的带宽利用率和较小的时间开销。谷歌 B4 利用 SDN 技术把数据中心间的核心网络带宽利用率提高到了 100%,高带宽利用率意味着可以利用 SDN 来降低传输每比特的花费(Cost Per Bit)。

叠加网络(Overlay Networks)技术通过创建虚拟的网络容器,在逻辑上彼此隔离,但可共享相同的底层物理网络。其中,应用广泛的隧道(Tunneling)封装技术基于现行的 IP 网络进行叠加部署,突破了传统二层网络中存在的物理位置受限、虚拟局域网(Virtual Local Area Network,VLAN)数量有限等障碍,同时还使物理网络虚拟化、资源池化。SDN 和 Overlay 的结合方式,把 SDN 控制器作为 Overlay 网络控制平面实现,典型代表是 VMware 公司提出的网络虚拟化平台(Network Virtualization Platform,NVP)方案,更容易整合网络与计算/存储组件。

1.5　智慧服务云上网的数据传输

1.5.1　多路径路由及转发技术

现代数据中心网络的新型拓扑结构链路密集、路径冗余度高,并且提供结点之间的多条路径连接。通过在多条不同的路径之间分配和平衡流量,可以减少网络拥塞,提高网络资源利用率。传统的 L2/L3/L4 技术已不能满足网络的发展需要,多路径技术逐渐成为人们关注和研究的热点。

在多路径路由协议的应用上,如思科公司的加强型内部网关路由协议(Enhanced Interior Gateway Routing Protocol,EIGRP)等具有等价负载均衡能力。在多路径路由的理论研究上,主要的模型有拥塞最小、最大流、延迟最小、路径不相交等。无论是实际应用的,还是理论研究的多路径路由算法,都存在诸多缺陷,比如在实际网络运行中,非等价路径和等价路径往往是交融的,这就使得现有资源利用率较低;至于理论研究中的一些算法,由于网络状态的动态变化而很难测量到实际网络运行的情况,对于路径不相交模型尽管避免了环路,但存在部分路径遗漏的问题。

在多路径转发协议的应用上,致力于实现二层多路径的标准化组织主要有 IETF 和 IEEE,其标准分别是多链接透明互连(Transparent Interconnection of Lots of Links,TRILL)和最短路径连接(Shortest Path Bridging,SPB),二者的目的都是简化网络拓扑,在数据中心网络的边缘和核心之间形成网状网,都采用 IS-IS 作为路由协议。思科公司在 TRILL 的制定过程中还发布了 FabricPath 技术,可以将其看作增强版的 TRILL,不再需要运行生成树协议(Spanning Tree Protocol,STP),支撑了服务器之间迅速增加的横向流量。同时,FabricPath 能够实现类似三层的路由功能,支持二层网络的平滑扩展。这种方法由于缺乏路径负载信息和流量矩阵信息,可能导致局部拥塞,或者仍需要集中的控制,难以适用于大规模数据中心网络。

1.5.2　新型传输控制协议

数据中心之间的互联网络具有流量大、突发性强、周期性强等特点,需要网络具备多路径转发与负载均衡、网络带宽按需提供、集中管理和全局控制的能力,传统的 TCP 主要针对 Internet 而设计,不能充分利用数据中心网络特性,直接运用于数据中心网络时面临功能和性能等方面的不足,使得新型的数据中心网络传输控制协议成为新的研究热点。当前的研究主要集中在拥塞控制机制和软超时保证两方面。总体而言,单纯的拥塞控制机制虽然能够提高网络吞吐率,但由于对软超时不敏感,可能导致部分流因未得到及时传输而软超时,最终影响到应用性能;软超时敏感的传输控制机制虽能够根据超时时限和网络拥塞程度进行流的优先调度,但现有的研究仍都需要上层应用显式地提供超时信息,这容易导致带宽资源被恶意抢占,且许多技术都需要修改网络中间设备,增加了部署难度。

与互联网为所有应用提供公共的传输协议不同,云数据中心往往运行不同的典型应用或者采用特定的拓扑结构,因此为不同的数据中心应用或者特定结构提出不同的定制传输协议是近年来的研究热点,比较有代表性的协议是 D3 和数据中心传播控制协议(Data Center TCP,DCTCP)。其中,D3 针对实时应用,通过分析数据流的传输数据大小和完成时间需求,为每个流显式分配传输速率。当网络资源紧张时,主动断开某些无法按时完成传输的数据流,从而保证更多的数据流能按时完成传输,增加数据中心的吞吐率。

1.5.3 多路径传输控制技术

现有 TCP 的单路径传输特性和数据中心网络结构的多路径支持之间并不适应。基于此,通过理论分析认为,数据中心网络应由 TCP 自然演进到多路径 TCP(Multipath TCP,MPTCP)。MPTCP 会在同一对源端和目的端之间建立多个连接,源端将数据拆分成若干部分,使用不同的连接同时进行数据传输。MPTCP 在连接建立阶段,要求服务器端向客户端返回服务器端所有的地址信息,用于客户端建立连接。

数据中心内部多个子流共享复用链路资源,各个子流维护自己的序列号和拥塞窗口,同样采用 AIMD 机制维护拥塞窗口,但各个子流的拥塞窗口增加与所有子流拥塞窗口的总和有关,从而能够保证将拥塞链路的流量向拥塞程度较轻的链路上转移。MPTCP 通过联合拥塞控制来解决 TCP 公平性问题,从而均衡各子流的数据传输。联合拥塞控制在均衡数据流量时未考虑分组丢失率对吞吐量的影响,在分组丢失率较大的网络环境中不能有效地均衡流量。

在并行数据传输中由于各条路径的参数不同,不合理的路径选择会影响其传输性能,但传统的静态路径选择方法会减少传输路径的数量,降低并行数据传输的稳健性。针对联合拥塞控制未考虑分组丢失率对吞吐量的影响,以及传统静态路径选择方法降低并行数据传输稳健性的问题,提出了一种基于马尔可夫决策过程的 MPTCP 动态路径选择方法。该方法依据各路径窗口大小动态地选择路径,在数据发送时根据最优策略选用不同的路径进行传输,综合考虑了往返时延和分组丢失率对吞吐量的影响,可以更加有效地均衡和切换流量。

1.5.4 软件定义多路径

传统网络的路由计算是网络结点以自己为中心计算到达目的地的一条路径,这种模式很难获得全网最优路由,只能进行局部最短路径计算;另外,网络拓扑的获取和维护依赖于分布式的网络拓扑传播机制（如 OSPF、ISIS 协议拓扑传递），更新速度缓慢。当网络拓扑发生变化，而新的拓扑还未更新到整网时，重新计算的路由仍然会按照过时的网络拓扑进行转发。针对 SDN 多路径路由的研究，Hedera 在为大象流预留路径时，采用等价多路径（Equal-Cost Multipath Routing，ECMP）方式的多条路径调度，提高数据分发传输速率。CURTIS 等提出了 DevoFlow 方案，根据概率分布将报文输出到特定端口中，快速重路由给交换机指定了一条到多条备用路径，通过安装不同优先级的流表来实现，从而在链路失效时立即转用备用路径。

针对 SDN 多路径传输的研究，研究人员已经探索了 OpenFlow 和 MPTCP 的初步结合。最早的工作由 POL 等实现，他们完成了在 OpenFlow 网络中以 MPTCP 作为传输协议的流量工程实验，但他们的工作没有使用 MPTCP 的特性进行选路，仅使用 ECMP 和 TRILL 协议进行流量分配。随后，Sonkoly 等使用 OpenFlow 网络作为测试平台网，利用 OpenFlow 网络拓扑发现能力为 MPTCP 的第一条子流选取出了最佳路径，并且严谨地论述了第一条子流的部署和提高网络性能之间的相关性。BREDEL 等对 MPTCP 在大二层 OpenFlow 网络的负载均衡进行了讨论，给定源结点和目的结点之间存在的链路不相关路径的一个集合，在这些路径上建立 MPTCP 连接，分析了发送数据时选取路径的不同算法的性能表现。LEE 等实现了基于 SDN 的大规模多租户数据中心网络，并提出了一种轻量级 MPTCP 子流路径提供机制，实验结果显示，这种基于拥塞感知的路由机制比基于 ECMP 的性能有明显提升。基于 SDN 智能路由实现了一个响应式（Responsive）的 MPTCP 系统，支持端系统根据网络状态进行动态流量调度。

1.5.5 资源联合优化

在大多数 SDDC 研究成果中，计算资源和网络资源仍是两个独立的调度对象。数据中心服务器的资源优化只是关注自身的软/硬件资源（如 CPU、内存、分布式计算模型等）；而对数据中心网络而言，由于其共享的性质，网络中的流仍是公平竞争的。这样，互不相关的优化方案有可能对于整体性能的提升不起作用。近年来，针对数据汇聚、部署和调度问题已经出现了联合优化的探索。

在分布式计算应用中，对相同的数据执行汇聚操作能够减少网络中的传输流量。在 SDDC 网络中，借助服务器强大的计算能力及存储能力，可以实现对网络流量的深入分析处理和对数据流的网内存储、聚合等功能。COSTA 等针对 CamCube 结构设计了一个类 MapReduce 的系统 Camdoop 网，由每个发送结点传输的数据流各自沿着不相关的路由路径发送，类似于基于单播汇聚树传输的方法。Guo 等针对多对一汇聚传输提出了一个近似的优化算法 SI，试图在每一层中寻找包含最少结点的服务器集合。

为提高数据密集型计算任务在云平台上的执行效率，有必要制定合理的数据部署策略。当前主流分布式数据管理系统（如 GFS、Hadoop、Cassandra 和 Dynamo 等）均采用一致性散列策略对数据进行划分，并基于散列结果对数据进行随机部署。该策略忽略了数据间的关联关系，导致大量不必要的数据传输任务。针对科学计算任务的跨数据中心数据部署策略，采用聚类思想将关联紧密的数据划分到相同数据子集，并结合数据中心存储能力对其进行部署；但该策略忽略了数据中心带宽资源的差异，无法降低跨数据中心传输的时间开销。

针对数据中心大数据流量的调度问题,IBM 沃森研究中心将 Hadoop 作业调度和网络控制、拓扑和路由配置等综合考虑,在 Hadoop 运行时实时更改网络配置,以增加少量的配置开销带来巨大性能提升。

1.6 云网融合典型应用场景

1.6.1 混合云

混合云场景是指企业本地(私有云、本地数据中心、企业私有 IT 平台)与公有云资源池之间的高速连接,最终实现本地计算环境与云上资源池之间的数据迁移、容灾备份、数据通信等需求。

混合云场景下的互联互通同时要实现高质量、高稳定性、安全可靠的数据传输,并要保证网络质量稳定,避免数据在传输过程中被窃取,如图 1-5 所示。混合云作为云网融合方案中的重要应用场景,可定义如下主流的两种场景模型。

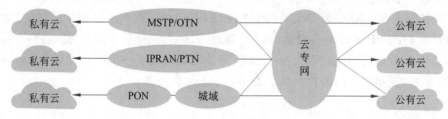

图 1-5 混合云场景

(1)本地计算环境(用户自有 IT 系统、监控中心、数据平台)与云上资源池的互联。

(2)本地数据中心(私有云)与云上资源池的互联。

基于以上两种连接场景,企业用户在构建混合云场景下的互联互通时,首先要实现企业内部的多个云之间的互联;其次是实现私有云和公有云之间的网络互通,让企业能够像使用自己的私网一样进行资源的弹性调度;最后是多个云之间的统一管理。从这个步骤中能够看到,打造云和云之间的互联网络是重中之重。混合云服务商通常会通过高质量云专线和云专网的组合来保证混合云端到端的网络连接,这样既保证了网络的稳定、高速、安全,也可以避免绕行公网带来的网络质量不稳定问题,也可以免去数据在传输过程中被窃取的风险,同时能让企业使用正常公有云资源的同时,通过本地数据中心保障核心数据安全。

1.6.2 同一公有云多中心互联

多中心互联场景是指同一云服务商的不同资源池间的高速互联,解决分布在不同地域的云资源池互联问题,如图 1-6 所示。企业可通过在不同的资源池部署应用,来完成备份、数据迁移等任务。

同一公有云的多中心互联是云网融合的一个典型场景。实际应用中,很多用户云主

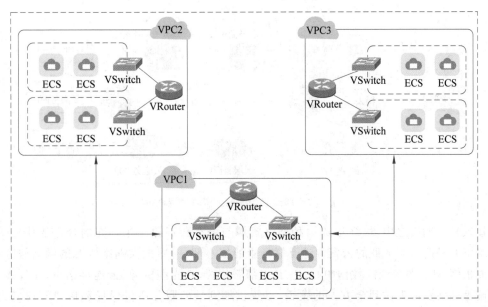

图 1-6 同一公有云的多中心互联

机的分布位置及区域可能因为业务关系、开通顺序而有差异,对于跨区域的云主机数据互访,主流的云服务商往往提供了 POP 点到 POP 点的传输服务,来达到公有云之间的数据交互。通过云服务商的云专网实现不同地域的 VPC 间私网通信,既可以解决绕行公网带来的网络稳定性问题,又可以避免数据在传输中的安全性问题,同时又可以保证海量数据实时高速传输。

当今企业的用户和企业分支机构遍布全球各地,企业云上业务应用需要多地部署或跨国部署等场景,要解决企业分支机构及用户就近快速实时访问和业务直连,同时实现IT 资源全局统一优化管理和自动化敏捷交付。在当前业务国际化和云网融合的大背景下,快速构建适应业务需求的跨地域云网融合,实现分布在不同地域的多中心云上资源池间数据交互和 VPC 间高速互联,对企业用户来说可以很大地提升业务服务能力。

1.6.3 跨云服务商的云资源池互联

跨云服务商的云资源池互联是指不同的云服务商的公有云资源池间的高速互联。该场景解决来自不同厂商公有云资源池互联问题,最终实现跨云服务商跨云资源池的互联。跨云服务商的云资源池互联也叫多云互联,如图 1-7 所示。

云计算经过十多年的发展,已经进入包含私有云、公有云、混合云和各种异构资源的多云时代。根据 RightScale 的调查报告,已经有 84% 的企业采用了多云,多云必将成为企业未来的首选,其中,企业将部分业务分别部署在两个或多个不同的公有云服务商平台上也已经成为越来越多中大型企业的部署方式,因此能够统一管理多云环境的多云管理平台必将成为企业的刚需,在管理端企业开始利用云管平台进行多云管理前,多云之间的网络仍然制约着多云环境的管理。

在该场景下,网络服务商依托于自身的网络覆盖能力,将不同的第三方优质公有云资

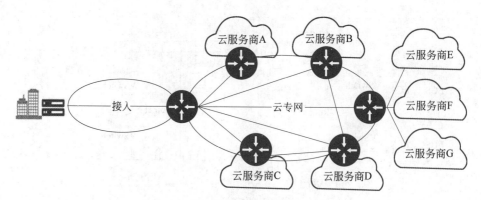

图 1-7　跨云服务商的云资源池互联

源接入自身网络之中,最终形成一种网络资源与公有云资源互相补充的合作伙伴模式。网络资源是跨云服务商的云资源池互联场景的核心部分,即提供网络资源的网络服务商需要根据 各云服务商的数据中心、POP 点部署位置,在光缆资源、云连接结点、光纤基础设施等网络资源上做到全方位的覆盖,以提供端到端的服务质量保证和快速开通能力。同时,网络服务商的各云连接结点需要具备与各类云服务商 DCN 网络的自动对接开通能力。

在通过网络服务商云专网为跨云服务商构建异构多云资源池的同时,企业站点需要灵活访问部署在不同云上的系统和应用。需要网络提供一线灵活多云访问能力,即企业终端只需申请一根专线,在不需要任何手动切换的情况下,通过各种接入方式接入云专网,云专网根据终端访问目的地灵活调度到不同的云资源池,企业不需要感知网络细节和云端应用的具体部署位置。

1.6.4　云网融合在典型行业应用情况

1. 医疗

随着广大居民对健康需求的不断增长,现有医疗服务体系无法满足居民在预防、治疗、康复、护理全流程服务的需求。随着网络与 IT 技术的发展,以互联网、云计算、物联网、大数据等代表的新技术正在快速向医疗行业渗透融合,通过云网融合技术来改造医疗平台,能够有效提升医疗服务的质量与效率。在此背景下,国家提出"互联网＋健康医疗",积极推动医疗行业上云,发展智慧健康医疗便民、惠民服务。

医疗行业上云主要包括医院数字化和区域医疗平台数字化两部分。医院数字化,首先是对医院内部系统与应用上云,通过整合内外部医疗设备与资源,从挂号收费、药房系统、医护工作站、医学影像、电子病历等方面实现数字化,打造数字化医院。区域医疗平台为各级医院、居民,以及监管机构提供数字化共享平台,通过对接所有卫生机构,存储 PB 级医疗数据,实现区域居民健康信息的共享与卫生管理。

国内外发达地区在医疗行业数字化建设方面已经做了大量的实践与探索,当前背景下,医疗行业云网融合解决方案框架如图 1-8 所示。

基于医疗行业云网融合解决方案的框架,现对以下两个典型医疗场景进行分析。

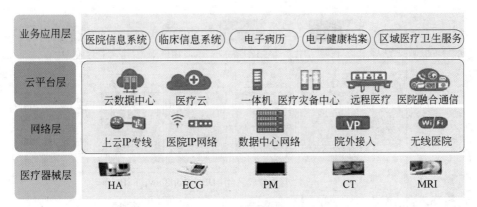

图1-8 医疗行业云网融合解决方案框架

（1）医院数字化平台，如图1-9所示。

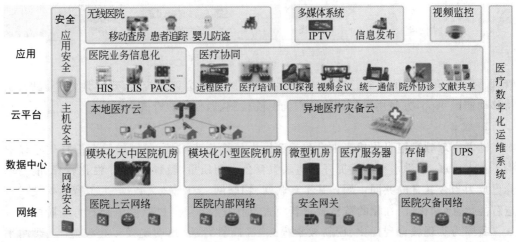

图1-9 医院数字化平台

① 医院内部ICT平台：包括医院私有云与公有云平台，为医疗应用提供运行与数据存储平台，实现医院日常业务管理、临床医疗管理、医院资源管理、控制管理的信息化和网络化，信息资源共享。

② 医院数据的容灾备份平台：包括混合云平台与DCI专线，实现医疗应用与数据的异地容灾与备份。

③ 远程医疗与会议系统：基于医院上云与云间高速连接网络，实现医院不同区域，以及医联体内部资源共享。

（2）区域医疗共享平台，如图1-10所示。

① 医疗共享平台：以区域居民健康档案为核心，建设区域公众健康门户、综合卫生管理平台，实现区域内居民电子病历统一查询、双向转诊、远程会诊、动态监控等功能。

② 网络部分：连接各类医疗体系，包括医院、社区医院/全科医生、公共卫生部门、卫生监管部门，以及连接移动医疗体系，包括救护车/巡诊医生、居民、慢性病患者等。

③ 行业应用部分：提供Open API开发商，引入医疗协同、公共卫生、公共服务、健康

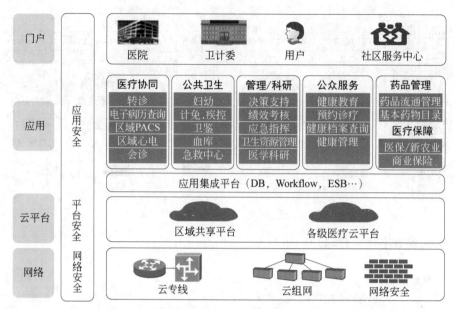

图 1-10　区域医疗共享平台

管理、药品管理等增值业务。在区域内提供远程医疗与会议系统，实现异地快速就医；支持移动便民 App，方便用户异地快速查询医院检测、医保等医疗相关信息。

2. 教育

随着全球教育信息化战略推进和教育投入持续稳步增长，各国的教育信息化建设取得了重大进展，教学水平持续提升。追求教育公平和质量、教育创新、个性化教育、能力培养已成为当今教育的共同主题。基于互联网、物联网、云计算、大数据、人工智能等技术打造智能化、感知化、泛在化的智慧教育新模式，成为教育建设主旋律，开启教育新阶段。

我国为实现教育现代化、创新教学模式、提高教育质量，明确要以建设好"三通两平台"的教育信息化工作为抓手，实现宽带网络校校通、优质资源班班通、网络学习空间人人通，建设教育资源和教育管理两大公共服务平台。明确了实现教育信息化基础设施建设新突破、优质数字教育资源共建共享新突破、信息技术与教育教学深度融合新突破、教育信息化科学发展机制新突破的目标。

随着国家"三通两平台"教育信息化战略的推进，教育上云、教育云应用不断丰富成为当今教育发展的主旋律。例如，通过在云上部署智慧直播课堂、在线学习平台、数字图书馆、在线实验室、教务管理平台，实现优质教学资源共享，提升学习和管理效率。教育云应用如图 1-11 所示。

1）智慧直播课堂

智慧直播课堂打破了传统教学模式的时间空间限制，突出了学习时间和地点的自由性。通过在云上构建实时在线直播系统，利用网络在两个或多个地点的用户之间实时传送视频、语音、图像，使课堂教学的用户可通过系统发表文字、语音，观察对方视频图像，并能将文件、图片等实物以电子版形式显示在白板上，参与交流的人员可同时注释白板并共享白板内容，效果与现场开设的课堂一样。

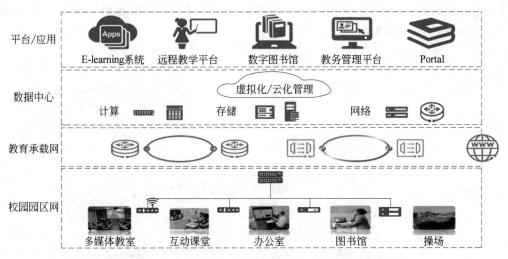

图 1-11 教育云应用

2）在线学习平台

在线学习平台通过在云上构建高质量、多媒体互动的 E-Learning 课件和平台，为学员提供不受时间、地点、空间限制的远程在线学习方式，是当今互联网教育发展的主要模式。

3）数字图书馆

数字图书馆通过在云上实现纸质图书、多媒体资源的数字化，构建实体图书管理系统和数字资源管理系统，向用户提供任何时间、任何终端设备、任何地点通过互联网访问数字图书馆的服务。

4）在线实验室

在线实验室通过构建远程云化实验室，为用户提供远程实验环境，使用者在不需要购买硬件产品的情况下，随时随地通过远程实验室进行测试验证。

5）教务管理平台

教务管理服务面向教职工、学生和家长提供全方位的教学管理服务，方便教职工办公、学生走班选课、家长对学校教务信息和孩子成绩信息的获取。

通过构建云化智慧教务管理平台，提供行政办公、教务考务、后勤管理等服务。面向教师提供办公/排课、档案管理、教学质量评价等服务；面向学生提供选课、档案/成绩管理、综合评价等服务。

各类教育云应用除需要云网敏捷协同外，还需要网络保证服务质量，提升业务体验。例如，对于在线互动课堂、在线实验室，要求单终端带宽达到 4～6Mb/s，网络时延小于80ms，抖动小于 30ms 等。AR、VR 课堂则需要 100Mb/s 以上承载带宽、20ms 以内的时延承载保障。

3. 能源

当前我国能源行业积极顺应信息技术发展趋势，围绕主营业务提质增效、转型升级，大力开展信息化建设和应用。在物联网、云计算、可再生能源技术等新兴技术的发展带动下,能源网络将与信息网络高度融合,形成能源互联网这一新的能源供应体系。例如,光伏云网设备,其接入框架如图 1-12 所示。

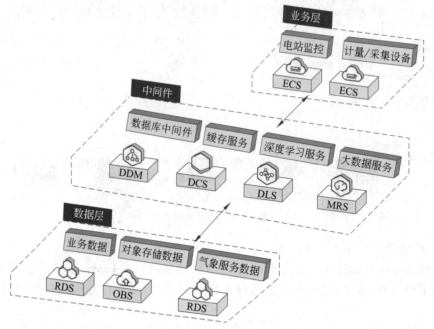

图 1-12　光伏云网设备接入框架

云网融合下沉至能源行业,与能源互联网深度耦合。能源互联网是指通过网络化、智能化的网络对各种形式的能源资源进行管理和调度,形成一个资源池向用户提供服务,对承载能源业务连接、分发与控制的网络有较高的能力要求,同时也充分体现了云网融合的特性。

能源的连接具有天生的封闭性,所以能源与云网融合这种开放性概念模式的结合不是一蹴而就的事,能源信息系统的发展将依次经历数据上云、云网平台建设、能源数据的高速连接、能源数据的运营四个不同阶段。

基于以上阐述,云网融合平台在能源行业的发展将依托能源互联网,并延伸出以下几个方向:第一,分布式的能源生产,将催生大量的云网融合数据中心的搭建;第二,能源信息系统的智能化和集成化,将依赖云计算模式对现有系统进行数字化转型;第三,能源的连接,将对基于云网融合平台的数据传输网络有更高的要求;第四,能源消费的自由化和个性化,将更多地借鉴云网融合平台的开放模式。

通过集式、大规模云数据中心服务,实现传统能源网络与云专网相融合,构建面向业务的双模 IT 战略,既保留原有成熟的 IT 建设模式,同时积极向互联网业务进行转型。通过对业务需求和 IT 系统的梳理,明确各业务系统的发展路径,以稳健的技术路线实现 IT 能力的快速提升。综上所述,能源行业的云网融合解决方法将包含以下云服务或产品。

公有云:以云主机、云硬盘、VPC、弹性 IP 和带宽为基础的标准公有云服务,主要面向 B2B 等业务及内部测试使用。

私有云：以裸金属服务器为基础的安全可靠、可定制化的私有云服务，主要面向财务、金融等业务板块。

网络：公有云、私有云、集团总部和分支机构间高速、快捷、灵活的高性价比网络通道，使云和互联网、专线深度融合。

等保测评及安全服务：定制化的私有云网络和安全设备集成服务，以及三级等保测评服务。

统一云管平台：实现公有云、私有云和安全网络设备的统一管理，包括资源申请、审批流程和性能监控等。

4. 工业

全球在加速推进工业信息化战略。如德国工业4.0战略、美国工业互联网战略都希望通过通信和信息网络技术，将各部件连接成网络，实时获取相关信息，实现智能制造。中国制造2025，大力推进工业互联网，推进制造上云，旨在从"制造业大国"到"引领世界强国"发展。

智能制造上云涵盖端、管、云各个方面，也是推动物联网产业的催化剂，为运营商带来了广阔的商业机会。工业制造云化如图1-13所示。

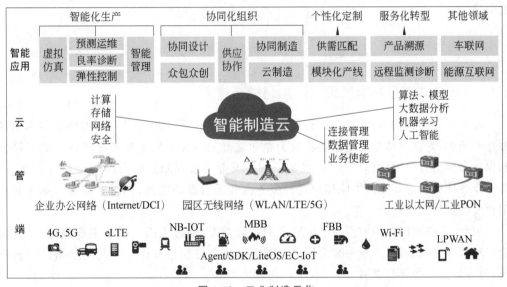

图1-13　工业制造云化

现阶段，中国制造企业主要聚焦于仿真设计、业务系统、工业物联网这三类场景的云化，分阶段推进实施演进，如图1-14所示。

1）仿真设计

诸如汽车制造、重工制造、石油勘探企业和复杂电器制造企业，通过云上高性能计算、模拟真实环境，仿真设计实现汽车碰撞分析、家电防爆、漏电分析等。

2）业务系统

通过开放云平台为制造、财务、销售、库存、采购、服务等业务系统提供弹性资源配置，实现业务系统的快速部署、灵活扩展，最大限度节省成本。

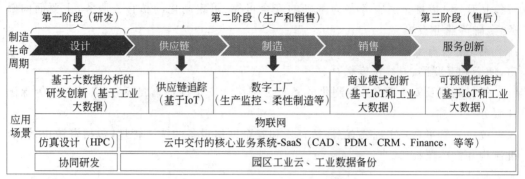

图 1-14　工业制造云化的三个阶段

3）工业物联网

汽车制造、电梯制造、机床、工厂、物流等需要从数以万计的终端采集数据的企业，通过云端实现千万计、广分布的终端数据采集、分析和管理。同时实现车联网、梯联网等物联组网。

工业制造上云对网络指标要求严格，需要更安全、更稳定的网络承载，提供 LAN 体验保障。

1.7　云网融合发展趋势

1.7.1　云网融合业务体验指标体系将逐步建立

随着云网融合的不断推进，各行业企业上云进度不断加快，企业用户的体验需求也将被逐渐唤醒，对良好体验的追求必将成为企业选择云网业务的重要考虑因素。如何评价和保障云网融合领域的体验质量，也是影响云网业务发展和规模商用的重要因素之一。各种业务体验的好坏直接影响用户对云服务商和运营商的选择，从而决定着云业务的新用户发展和存量用户的留存。

因此，有必要结合当前企业上云业务的实际情况，通过人因工程的主观测试、大量实验室测试和现网验证，建立一套分层次云网融合业务体验指标体系以及网络指标映射基线，为各方提供指导和牵引。

- 上云企业：如何基于业务开展需求选择满足良好体验的网络服务和云服务？
- 运营商：如何基于体验保障进行上云专线和云间互联的网络规划、运维和优化建设？
- 云服务提供商：应为各类行业业务提供何种性能要求的云服务？

当前云网融合发展的丰富行业和业务，决定了多样的体验需求。根据对 3915 家企业的调查数据显示，企业上云首选的 TOP 业务如图 1-15 所示。

因此，对云网业务用户体验的评价，应优先覆盖上述 TOP 业务。云网业务的企业用户分为两大类群体。一类是使用云上具体应用的企业业务人员，他们的主要体验关注点是上云后的应用是否在功能、性能各方面和未上云的本地应用不存在差别，例如，桌面云

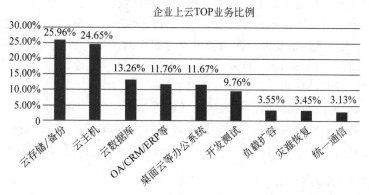

图 1-15　企业上云首选的 TOP 业务

的响应速度等是否与本地 PC 相当；另一类是企业中负责 IT 信息化建设的运维部门，他们更关注云网服务的维护成本、效率和安全性等，例如，上云专线的开通时长、业务中断恢复时间、云的安全性等。

云网融合业务的体验指标体系应分为云网业务用户体验指标和云网业务运维体验指标两大分支。其中，云网业务用户体验又分为通用业务和行业业务两大类，通用业务每大类中每一个业务都有相应的体验指标。云网业务运维体验则从订购、开通、服务等多个体验维度以及下属指标进行描述。

云网业务用户体验指标最终可逐层分解映射到云、网、端的 KPI，为云服务商、网络运营商和云计算生态链上的厂商提供指导。

1.7.2　云网融合与新兴产业的结合日益紧密

5G 时代，5G 网络业务能力作为社会的数字化基础设施，在推动各行业数字化转型与数字经济发展中将发挥更大价值。但是在为运营商网络重构与业务转型带来巨大历史机遇的同时，其技术壁垒、运维难题，以及在政企市场的拓展难度等问题，也成为运营商当前阶段面临的主要挑战。

5G 网络的引入将使得云网融合组网更加灵活。相比较于传统的有线接入方式，5G 接入在开通时效性上能够得到很大提升。除此之外，边缘计算是 5G 时代的云网融合的重要一环，边缘计算可以部署大量的行业应用、企业应用，甚至一些 IT 应用，一旦 5G 下探到具体行业，结合边缘计算能够提升整个行业的敏捷性和经济效益，在这个过程中，云网融合将成为政企业务的重要平台和入口。

综上所述，通过深度整合 SDN，加上 5G 切片能力，未来可以提供更加灵活的部署方式。"云网融合＋5G"的结合将会更好地支持垂直行业发展，向移云融合、物云融合演进，加速行业应用，促进万物互联。

1.7.3　云网融合产业发展趋向多元化

云计算产业已经进入成熟期，IaaS、PaaS、SaaS 等系列产品逐渐丰富，涌现出了一批如亚马逊、微软、谷歌等龙头云服务商，各大云服务商的业务领域存在着交叉，竞争十分激烈。云网融合正成为体现云服务商差异化的标志性产业。

云网融合的发展也逐渐趋向多元化,一方面由于"云+网+X"一站式 B2B 模式的兴起,以云平台和云专网为基础的云网融合解决方案面向流量可形成"云+网+应用"服务框架,面向垂直行业可形成"云+网+行业"服务框架;另一方面,云网融合生态的参与者也逐渐由基础运营商扩展到公有云服务商、网络服务商、IDC 服务商等。随着云网生态的建设不断完善,云网融合领域的服务提供模式将更加多样化,云网融合服务的提供商不再需要在网络资源和云资源两个领域同时拥有较强的实力,这意味着云网融合生态的参与者数量与类型将大大增加,这将有力推动云网融合和云计算产业的快速发展。

1.7.4　云市场和网络市场逐渐进行整合

云网融合概念近几年由基础运营商提出并发展起来,而基础运营商的发展模式及竞争关系又延缓了云网融合市场化与商业化的进程,早期的云网融合产品更多的是聚焦在同一个公有云结点之间的访问或是访问某一个公有云服务,整体上并没有形成一个一体化、跨多云、多运营商及异构环境下的传输。

伴随着云计算的成熟,特别是三年百万企业上云这类政策引导,国内的上云浪潮将开始由传统大中型企业、互联网企业及政府机构向中小企业、二三线城市企业转移,上云需求放大的同时,传统的 IT 机构与云服务商还将保持相互依赖、相互配合的关系,复杂的网络架构催生云网融合产品的应用场景逐步放大。

与此同时,越来越多的上云企业开始逐步地部署多云环境,以确保业务的灾备、多元化等场景可以正常地展开,以往的传输模式将无法保障多云的管理及数据传输,云网的发展也正是这些类型企业的统一需求之一。

综合来看,越来越多的企业会聚焦在多云、混合云这类模式中,如何管理与如何传输将成为这类业务的一个瓶颈,同时越来越多的云管平台服务商开始在基于多云环境提供云服务,随着云网产品的成熟以及上云逐渐转变为刚性需求,会逐步产生"云市场+网络市场"整合的概念,即通过云管平台实现"一个平台统一服务"概念,企业选择某几个云服务的同时,可即时开通云之间的网络传输业务,这样就解决了以往传统的云网分离问题。

重点小结

(1)云网融合的服务能力是基于云专网提供云接入与基础连接能力,通过与云服务商的云平台结合对外提供覆盖不同场景的云网产品,如云专线、软件定义广域网,并与其他类型的云服务深度结合,最终延伸至具体的行业应用场景,并形成复合型的云网融合解决方案。

(2)软件定义网络的核心是通过软件定义的理念将网络的智能控制功能剥离出来并交给集中的网络操作系统,赋予云数据中心网络更灵活的能力,使云数据中心内所有资源和服务抽象化、池化和自动化并作为软件交付,并可通过策略驱动的智能软件进行管理。

(3)多路径传输控制技术的实现技术。

(4)智慧服务云的数据传输技术。

习题与思考

1. 云网融合的应用场景有哪些?
2. 云网融合的发展趋势是什么?
3. 云网融合的社会影响有哪些?

任 务 拓 展

请上网查看云网融合的成功案例,并进行案例分析。

学习成果达成与测评

项目名称	云网融合应用场景		学　时	4	学　分	0.2
职业技能等级	初级	职业能力	理解智慧云下网构建；熟悉云网融合的典型应用；熟悉云网融合的发展趋势		子任务数	3个
序　号	评 价 内 容	评 价 标 准				分数
1	理解智慧云下网构建原理	通过查阅相关资料，掌握关键技术原理				
2	熟悉云网融合的典型应用	通过查阅相关资料，掌握云网融合的主流应用场景				
3	熟悉云网融合的发展趋势	通过查阅相关资料，掌握云网融合的发展趋势				
考核评价	项目整体分数（每项评价内容分值为1分）					
	指导教师评语					
备注	奖励： 　1. 按照完成质量给予1~10分奖励，额外加分不超过5分。 　2. 每超额完成1个任务，额外加3分。 　3. 巩固提升任务完成优秀，额外加2分。 惩罚： 　1. 完成任务超过规定时间扣2分。 　2. 完成任务有缺项每项扣2分。 　3. 任务实施报告编写歪曲事实、个人杜撰或有抄袭内容不予评分。					

学习成果实施报告书

题 目				
班 级		姓 名	学 号	

任务实施报告

考核评价(按10分制)	
教师评语:	态度分数
	工作量分数

考 评 规 则
工作量考核标准: 1. 任务完成及时。 2. 操作规范。 3. 实施报告书内容真实可靠,条理清晰,文笔流畅,逻辑性强。 4. 没有完成工作量扣1分,故意抄袭实施报告扣5分。

第 2 章 云计算基础

 知识导读

本章介绍云计算的定义,旨在让读者对云计算有一个宏观的概念,然后介绍云计算的体系架构、云计算技术、云交付模型和云部署模式。通过本章的学习,读者将对云计算有一个初步的认识。

 学习目标

- 了解云计算概念
- 了解云计算体系架构
- 了解云计算技术
- 了解云交付模型
- 了解云部署模式
- 了解云计算的应用与创新

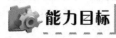 **能力目标**

- 熟悉云计算的相关技术
- 掌握云交付的 IaaS、PaaS、SaaS、CaaS 模型
- 掌握公有云、私有云、混合云的应用

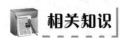 **相关知识**

2.1 云计算概述

2.1.1 云计算概念

云计算(Cloud Computing)是一种新技术,同时也是一种新概念、一种新模式,而不是单纯地指某项具体的应用或标准。目前,对云计算的定义有多种说法,现阶段广为接受的是美国国家标准与技术研究院(NIST)的定义:云计算是一种通过网络,按使用量付费的方式,获取计算资源(资源包括网络、服务器、存储、应用软件、服务)的模式,该模式只需投入很少的管理工作,或与服务供应商进行很少的交互,就可以让这些资源能够被快速提供。维基百科上给云计算的定义是这样的:云计算是一种动态的可扩展的而且通常是通过互联网提供虚拟化的资源计算模式,在这种模式下,终端用户不需要了解"云"中基础设施的细节,不必具有相应的专业知识,也无须直接进行控制,而只需关注自己真正需要什么样的资源,以及如何通过网络来得到相应的服务。

总的来说,云计算是一种模式,它实现了对共享可配置计算资源的方便、按需访问;这些资源可以通过极小的管理代价或者与服务提供者的交互被快速地准备和释放。

2.1.2 云计算历史

云计算这个概念从提出到今天,已经十多年了。在这十多年间,云计算取得了飞速的发展与翻天覆地的变化。

2006年8月9日,Google首席执行官埃里克·施密特(Eric Schmidt)在搜索引擎大会(SES San Jose 2006)上首次提出"云计算"(Cloud Computing)的概念。这是云计算发展史上第一次正式地提出这一概念,有着巨大的历史意义。

2007年10月,Google与IBM公司开始在美国大学校园,包括卡内基-梅隆大学、麻省理工学院、斯坦福大学、加州大学伯克利分校及马里兰大学等,推广云计算的计划,这项计划希望能降低分布式计算技术在学术研究方面的成本,并为这些大学提供相关的软硬件设备及技术支持。

2008年1月,Google公司宣布在中国台湾启动"云计算学术计划",与台湾大学、台湾交通大学等学校合作,将云计算技术推广到校园的学术研究中。2月,IBM公司宣布将在中国无锡太湖新城科教产业园为中国的软件公司建立全球第一个云计算中心(Cloud Computing Center)。同年,微软发布其公共云计算平台(Windows Azure Platform),由此拉开了微软的云计算大幕。

2009年1月,阿里软件在江苏南京建立首个"电子商务云计算中心"。同年11月,中国移动云计算平台"大云"计划启动。

2011年2月,思科公司正式加入OpenStack,重点研制OpenStack的网络服务。

2013年,我国的IaaS(基础设施即服务)市场规模约为10.5亿元,增速达到了105%,显示出旺盛的生机。过去几年里,腾讯、百度等互联网巨头纷纷推出了各自的开放平台战略。PaaS(平台即服务)的先行者也在业务拓展上取得了显著的成效,在众多互联网巨头的介入和推动下,我国的PaaS市场得到了迅速发展。无论是国内还是国外,SaaS(软件即服务)一直是云计算领域最为成熟的细分市场,用户对于SaaS的接受程度也比较高。2015年,SaaS市场增长率达到117.5%,市场规模增长至8.1亿元人民币。

2015年以来,云计算方面的相关政策不断。2015年年初,国务院发布了《国务院关于促进云计算创新发展培育信息产业新业态的意见》,明确了我国云计算产业的发展目标、主要任务和保障措施。2015年7月,国务院又发布了《关于积极推进"互联网+"行动的指导意见》,提出到2025年,"互联网+"成为经济社会创新发展的重要驱动力量。2015年11月,工业和信息化部印发《云计算综合标准化体系建设指南》。到现阶段,云计算已经发展到较为成熟的阶段。

2.1.3 云计算标准

对于云计算的概念,目前产业界和技术界已经基本达成了共识:云计算是一种通过网络以便捷、按需的形式从共享的可配置的计算资源池中获取服务的业务模式。这些服务实际上来自于传统的IT服务,包括硬件服务、平台服务、软件服务等。

1. 云计算的国际标准化组织

目前,全世界已经有 30 多个标准组织宣布加入云计算标准的制定行列,并且这个数字还在不断增加。这些标准组织大致可分为以下 3 种类型。

(1) 以 DMTF、OGF、SNIA 等为代表的传统 IT 标准组织或产业联盟,这些标准组织中有一部分原来是专注于网格标准化的,现在转而进行云计算的标准化工作。

(2) 以 CSA、OCC、CCIF 等为代表的专门致力于进行云计算标准化的新兴标准组织。

(3) 以 ITU、ISO、IEEE、IETF 为代表的传统电信或互联网领域的标准组织。

1) NIST

NIST(National Institute of Standards and Technology,美国国家标准技术研究院)由美国联邦政府支持,进行了大量的标准化工作。美国联邦政府在新一任联邦 CIO 的推动下,正在积极推进联邦机构采购云计算服务,而 NIST 作为联邦政府的标准化机构,就承担起为政府提供技术和标准支持的任务,它集合了众多云计算方面的核心厂商,共同提出了目前为止被广泛接受的云计算定义,并且根据联邦机构的采购需求,还在不断推进云计算的标准化工作。

2) DMTF

DMTF(The Distributed Management Task Force,分布式管理任务组)是领导面向企业和 Internet 环境的管理标准和集成技术的行业组织。

3) CSA

CSA(Cloud Security Alliance,云安全联盟)是专门针对云计算安全方面的标准组织,已经发布了"云计算关键领域的安全指南"白皮书,成为云计算安全领域的重要指导文件。

4) IEEE

云计算(主要是以虚拟化方式提供服务的 IaaS 业务)给传统的 IDC 及以太网交换技术带来了一系列难以解决的问题,如虚拟机间的交换、虚拟机的迁移、数据/存储网络的融合等,作为以太网标准的主要制定者,IEEE 目前正在针对以上问题进行研究,并且已经取得了一些阶段性的成果。

5) SNIA

SNIA(Storage Networking Industry Association,存储网络协会)是专注于存储网络的标准组织,在云计算领域,SNIA 主要关注于云存储标准。

2. 云计算标准

1) 云计算技术标准

云计算是分布式处理(Distributed Computing)、并行处理(Parallel Computing)和网格计算(Grid Computing)的发展,是透过网络将庞大的计算处理程序自动分拆成无数个较小的子程序,再交由多台服务器所组成的庞大系统经计算分析之后将处理结果回传给用户。通过云计算技术,网络服务提供者可以在数秒之内,处理数以千万计甚至亿计的信息,达到和"超级计算机"同样强大的网络服务。云计算系统的建设目标是将原来运行在 PC 上、单个服务器上的独立的、个人化的运算转移到一个数量庞大的服务器"云"中,由这个云计算系统来负责处理用户的请求,并输出结果,它是一个以数据运算和处理为核心的系统。

(1) 云计算系统体系架构。

云计算系统体系结构由 5 部分组成,分别为应用层、平台层、资源层、用户访问层和管理层。云计算的本质是通过网络提供服务,所以其体系结构以服务为核心。

支撑云计算系统运行的是集群系统,由多台同构或异构的计算机连接起来协同完成特定的任务就构成了集群系统。在这样的工作环境下就构成了计算的分布性,被解决的问题划分出的模块是相互关联的,若是其中一块算错了,那么必定会影响到其他模块,对于数据计算的准确性就要依赖集群系统了。随着云计算的兴起,越来越多的人会考虑云计算系统中处理的数据的准确稳定问题。采用高可靠的系统保护用户得到准确的数据才有利于公司的发展,更有利于云计算的发展,否则就会失去所有的客户。为了自身的发展,云计算服务商首先得提供一套高可靠的计算机集群系统。

云计算系统的核心技术是并行计算。并行计算(Parallel Computing)是指同时使用多种计算资源解决计算问题的过程,是提高计算机系统计算速度和处理能力的一种有效手段。它的基本思想是用多个处理器来协同求解同一问题,即将被求解的问题分解成若干部分,各部分均由一个独立的处理机来并行计算。并行计算系统既可以是专门设计的、含有多个处理器的超级计算机,也可以是以某种方式互连的若干台独立计算机构成的集群。通过并行计算集群完成数据的处理,再将处理的结果返回给用户。

分布式文件系统的设计应满足透明性、并发控制、可伸缩性、容错以及安全需求等。客户端对于文件的读写不应该影响其他客户端对同一个文件的读写。分布式文件系统需要做出复杂的交互,尽量保证文件服务在客户端或者服务端出现问题时能正常使用是非常重要的。分布式文件系统能提供备份恢复机制以保证分布式处理的可靠性。如Google 的文件系统(Google File System,GFS),隐藏下层负载均衡、冗余复制等细节,对上层程序只提供一个统一的义件系统 API,中心是一个 Master 结点,根据文件索引,找寻文件块。作为一个云计算系统,是为需要的人提供服务和计算,而服务和计算都在“云”中,“云”对用户来说是个黑盒子,用户可以看作一个云网络虚拟出来的操作系统,不需要知道它的内部实现,只需要根据“云”内的各种服务来实现自己的业务,而业务的使用和展现都在终端。现阶段,浏览器几乎覆盖了所有的网络操作,浏览器现在已经成为用户和“云”进行交互的主要工具,云计算系统通过浏览器向用户提供服务。随着云计算的发展,当云计算运用到为非浏览器终端提供服务时,会出现非浏览器终端。面对不同用户的需求,要开发不同的终端,提供更加高效的服务。

(2) 云计算开放虚拟化格式(OVF)标准。

开放虚拟化格式(OVF)标准为业界提供了一个标准的打包格式,用于基于虚拟系统的软件解决方案及为软件供应商和云计算服务提供商解决关键业务需求。OVF 已经被国际标准化组织采用,并发布于编号为 ISO 17203 的标准中。OVF 提供了一个平台独立的、有效的、开放的及可扩展的打包及分布的格式,促进虚拟机的移动性及提供给客户独立的平台。

2) 云计算服务标准

(1) 云计算交付模型。

软件即服务(SaaS),即将整个商业应用作为一项服务来提供。

平台即服务(Paas),允许在云中进行快速应用开发。

基础设施即服务(IaaS),即将简单操作系统(OS)和存储功能作为一项服务来提供。

(2)云计算部署模式。

公共云,即面向广泛客户群的互联网接入服务。

私有云,针对单个机构进行配置。

混合云,以上三种配置模式的任意组合。

3)云计算开放标准

云计算必须坚持开放的标准,互联网的成功就是因为它坚持了开放的标准。不可能只有一朵云,肯定有很多云结合在一起,而开放性和兼容性才是云计算所倡导的。通过开放云计算资源管理标准改善平台之间的用户操作性,理顺企业内部的专有云计算与其他专有的、公共的或者混合的云计算之间的操作。规范实现云计算服务的便携性以及提供跨云计算和企业平台的管理的一致性。

4)云计算安全标准

"云安全技术"在选择上面临多种需求的压力:第一,一个强壮、安全的"云安全"方案,是否会影响企业网络本身的性能,甚至带来额外的故障点?第二,很多用户希望能够快速、精准地检测到来自Web的安全威胁,但是用户有没有关心安全设备自身的威胁签名列表数据库容量是否足够大?第三,随着越来越多的安全威胁嵌入到应用程序之中,简单、传统的封包检测是否还能应付?第四,如果厂商不能提供多区域分布数据库的主机服务,用户是否会面临有云无响应的风险?第五,不同厂商提供的云安全方案横跨终端与网关,应用与更新过程中是否会出现兼容性风险?

(1)保护实体安全标准。

保护实体部分要有完善的多样化威胁的检测能力,如邮件安全、网页安全、数据安全、系统安全等比较清楚的分类保护选择,这样能让用户对保护实体的安全防御方向和内容有比较清晰的认识。另外,在保护实体和云网络的服务通信方面应该具有一定的可视性,如邮件安全、系统安全、网页安全等安全套件的云网络连接状态等。

(2)服务安全和信任问题。

由于云计算的互操作性,用户将把自己的数据从网络传输到云中,那如何让被服务方相信云端的可靠性被认为是其发展的最大障碍?应该加强安全等级的制度、数据安全、用户隐私安全等,建立起一个良好的制度,用制度来保障用户的权益和利益。

5)云计算行业标准

云计算行业标准涉及云计算服务商的可依赖性,个人隐私放在云平台上是否安全?服务商是否会突然涨价?

2.1.4　云计算特点

1. 超大规模

大多数云计算数据中心都具有相当的规模,亚马逊、IBM、微软、雅虎等企业所掌控的云计算中心均拥有几十万台服务器。并且,云计算中心能通过整合和管理这些数目庞大的计算机集群,来赋予用户前所未有的计算和存储能力。

2. 虚拟化

必须强调的是,虚拟化突破了时间、空间的界限,是云计算最为显著的特点。云计算支持用户在任意位置,使用各种终端,通过网络实时连接到云计算服务器去获取应用服务。所请求的资源来自云,而不是固定的、有形的实体。资源以共享资源池的方式统一管理,利用虚拟化技术,将资源分享给不同用户,在享受服务时,用户不知道也没必要知道,这个服务是由哪台服务器提供的,资源的放置、管理与分配策略对用户透明。

3. 高可靠性

云计算中心在软硬件层面采用了诸如数据多副本容错、心跳检测和计算结点同构可互换等措施来保障服务的高可靠性,倘若服务器故障也不影响计算与应用的正常运行。因为单点服务器出现故障可以通过虚拟化技术将分布在不同物理服务器上面的应用进行恢复或利用,动态扩展功能部署新的服务器进行计算。此外,它还在硬件层面上采用了冗余设计来进一步确保服务的高可靠性,软件上也通过数据冗余和分布式存储来保证数据的可靠性。

4. 通用性与高可用性

云计算不针对特定的应用,云计算中心很少为特定的应用而存在,但它能够有效支持业界的大多数主流应用,并且一个云可以支撑多个不同类型的应用同时运行,在云的支撑下可以构造出数量相当多的应用,并保证运行质量。并且,通过集成海量存储和高性能的计算能力,云能提供较高的服务质量。云计算能容忍结点的错误,可以自动检测失效结点,并将失效结点排除,而不影响系统整体的正常运行。

5. 可扩展性

云计算系统是可以随着应用和用户的规模进行扩张的,用户可以利用应用软件的快速部署来更为简单快捷地将自身所需的已有业务以及新业务进行扩展,能够有效地满足应用和用户大规模增长的需要。云计算能够无缝地扩展到大规模的集群之上,甚至能够同时处理数千个结点,在对虚拟化资源进行动态扩展的情况下,同时能够高效扩展应用,提高计算机云计算的操作水平。

6. 按需服务

云是一个庞大的资源池,用户可以支付不同的费用,以获得不同级别的服务。云计算平台能够根据用户的需求快速准确地提供相应的服务。并且,服务的实现机制对用户透明,用户无须了解云计算的具体机制,就可以获得需要的服务。

7. 经济廉价

由于云的特殊容错措施使其可以采用廉价的结点,因此用户不再需要昂贵、存储空间大的主机,可以选择相对廉价的 PC 组成云,一方面减少费用,另一方面计算性能不逊于大型主机。此外,云的自动化集中式管理使大量企业无须负担日益高昂的数据中心管理成本,云的通用性使资源的利用率较传统系统大幅提升,因此用户可以充分享受云的低成本优势。通常只要花费少量费用、几天时间就能完成以前需要高昂费用、数月时间才能完成的任务。

8. 自动化

在云中,无论是应用、服务和资源的部署,还是软硬件的管理,主要通过自动化的方式来执行和管理,从而极大地降低了整个云计算中心的人力成本。

9. 高层次的编程模型

云计算平台能够为用户提供高层次的编程模型。用户可以根据自己的需要,编写自己的云计算程序,在云系统上执行,满足自己的需求,这样便为用户提供了巨大的便利性,同时也节约了相应的开发资源。

10. 完善的运维机制

在云的另一端,有专业的团队来帮助用户管理信息,有先进的数据中心来帮助用户保存数据。同时,严格的权限管理策略可以保证这些数据的安全。这样,用户无须花费重金就可以享受到专业的服务。

总之,这些特点使得云计算能为用户提供更方便的体验,它为人们解决大规模计算、资源存储等问题提供了一条新的途径。因此,云计算才能脱颖而出,并被业界推崇。

2.1.5 云计算趋势

云计算的发展如火如荼,发展到现在已经出乎人们的意料,未来云计算的发展趋势表现如下几方面。

(1)云计算的分工将会变得更加细化。

随着云计算产业生态链不断完善,行业分工逐渐细化。在未来几年,云计算的分工更加细化,行业云将成为云计算领域的发展热点。

(2)IaaS 将迎来更大的降价风潮。

万物互联对云计算带来更大的需求,在行业竞争和规模效应的驱动下,未来 IaaS 将迎来新一轮的降价风潮。

(3)私有云与超融合型基础设施将实现统一。

私有云将越来越多地立足于超融合型平台之上,即将计算、网络与存储资源进行预先整合的新型平台,帮助企业更快地运行云实施。

(4)容器技术将成为云计算的标配。

随着容器技术的成熟和更高的接受度,预计容器技术将成为云计算的标配。

(5)公有云将更深入关键业务应用。

随着公有云给企业带来更多的便利和成本优势,预计更多的企业将更愿意把关键业务应用放在公有云服务中,尤其更加吸引以成本驱动的企业投身于公有云的怀抱中。

2.2 云计算体系架构

云计算的体系结构由 5 部分组成,分别为应用层、平台层、资源层、用户访问层和管理层。云计算的本质是通过网络提供服务,所以其体系结构以服务为核心,如图 2-1 所示。

1. 资源层

资源层是指基础架构层面的云计算服务,这些服务可以提供虚拟化的资源,从而隐藏

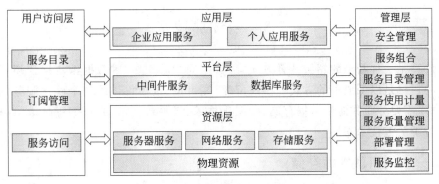

图 2-1   云计算的体系结构

物理资源的复杂性。物理资源指的是物理设备,如服务器等。服务器服务指的是操作系统的环境,如 Linux 集群等。网络服务指的是提供的网络处理能力,如防火墙、VLAN、负载等。存储服务为用户提供存储能力。

2. 平台层

平台层为用户提供对资源层服务的封装,使用户可以构建自己的应用。中间件服务为用户提供可扩展的消息中间件或事务处理中间件等服务。数据库服务提供可扩展的数据库处理能力。

3. 应用层

应用层提供软件服务。企业应用是指面向企业的用户,如财务管理、客户关系管理、商业智能等。个人应用指面向个人用户的服务,如电子邮件、文本处理、个人信息存储等。

4. 用户访问层

用户访问层是方便用户使用云计算服务所需的各种支撑服务,针对每个层次的云计算服务都需要提供相应的访问接口。服务目录是一个服务列表,用户可以从中选择需要使用的云计算服务。订阅管理是提供给用户的管理功能,用户可以查阅自己订阅的服务,或者终止订阅的服务。服务访问是针对每种层次的云计算服务提供的访问接口,针对资源层的访问可能是远程桌面,针对应用层的访问,提供的接口可能是 Web。

5. 管理层

管理层提供对所有层次云计算服务的管理功能。安全管理提供对服务的授权控制、用户认证、审计、一致性检查等功能。服务组合提供对已有云计算服务进行组合的功能,使得新的服务可以基于已有服务创建时间。服务目录管理服务提供服务目录和服务本身的管理功能,管理员可以增加新的服务,或者从服务目录中除去服务。服务使用计量对用户的使用情况进行统计,并以此为依据对用户进行计费。服务质量管理提供对服务的性能、可靠性、可扩展性进行管理。部署管理提供对服务实例的自动化部署和配置,当用户通过订阅管理增加新的服务订阅后,部署管理模块自动为用户准备服务实例。服务监控提供对服务的健康状态的记录。

2.3　云计算技术

云计算是一种新型的超级计算方式，以数据为中心，是一种数据密集型的超级计算。云计算的目标是以低成本的方式提供高可靠、高可用、规模可伸缩的个性化服务，要实现这个目标，需要分布式海量数据存储、虚拟化技术、云平台技术、并行编程技术、数据管理技术等若干关键技术支持。

2.3.1　分布式海量数据存储

1. 分布式存储

分布式存储是一种数据存储技术，通过网络使用企业中的每台机器上的磁盘空间，并将这些分散的存储资源构成一个虚拟的存储设备，数据分散地存储在企业的各个角落。分布式数据存储的拓扑结构图如图 2-2 所示。

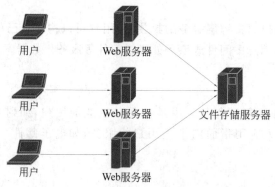

图 2-2　分布式数据存储的拓扑结构图

2. 分布式存储系统

分布式存储系统将数据分散存储在多台独立的设备上。传统的网络存储系统采用集中的存储服务器存放所有数据，存储服务器成为系统性能的瓶颈，也是可靠性和安全性的焦点，不能满足大规模存储应用的需要。分布式网络存储系统采用可扩展的系统结构，利用多台存储服务器分担存储负荷，利用位置服务器定位存储信息，它不但提高了系统的可靠性、可用性和存取效率，还易于扩展。

3. 关键技术

1）元数据管理

在大数据环境下，元数据的体量也非常大，元数据的存取性能是整个分布式文件系统性能的关键。常见的元数据管理可以分为集中式和分布式元数据管理架构。集中式元数据管理架构采用单一的元数据服务器，实现简单，但是存在单点故障等问题。分布式元数据管理架构则将元数据分散在多个结点上，进而解决了元数据服务器的性能瓶颈等问题，并提高了元数据管理架构的可扩展性，但实现较为复杂，并引入了元数据一致性的问题。另外，还有一种无元数据服务器的分布式架构，通过在线算法组织数据，不需要专用的元数据服务器。但是该架构对数据一致性的保障很困难,实现较为复杂。文件目录遍历操作效率低下,并且缺乏文件系统全局监控管理功能。

2)系统弹性扩展技术

在大数据环境下,数据规模和复杂度的增加往往非常迅速,对系统的扩展性能要求较高。实现存储系统的高可扩展性首先要解决两方面的重要问题,包含元数据的分配和数据的透明迁移。元数据的分配主要通过静态子树划分技术实现,后者则侧重数据迁移算法的优化。此外,大数据存储体系规模庞大、结点失效率高,因此还需要完成一定的自适应管理功能。系统必须能够根据数据量和计算工作量估算所需要的结点个数,并动态地将数据在结点间迁移,实现负载均衡;同时,结点失效时,数据必须可以通过副本等机制进行恢复,不能对上层应用产生影响。

3)存储层级内的优化技术

构建存储系统时,需要基于成本和性能来考虑,因此存储系统通常采用多层不同性价比的存储器件组成存储层次结构。大数据的规模大,因此构建高效合理的存储层次结构,可以在保证系统性能的前提下,降低系统能耗和构建成本,利用数据访问局部性原理可以从两方面对存储层次结构进行优化。从提高性能的角度,可以通过分析应用特征,识别热点数据并对其进行缓存或预取,通过高效的缓存预取算法和合理的缓存容量配比提高访问性能。从降低成本的角度,采用信息生命周期管理方法,将访问频率低的冷数据迁移到低速廉价存储设备上,可以在小幅牺牲系统整体性能的基础上,大幅降低系统的构建成本和能耗。

4)针对应用和负载的存储优化技术

传统数据存储模型需要支持尽可能多的应用,因此需要具备较好的通用性。大数据具有大规模、高动态及快速处理等特性,通用的数据存储模型通常并不是最能提高应用性能的模型,而大数据存储系统对上层应用性能的关注远远超过对通用性的追求。针对应用和负载来优化存储,就是将数据存储与应用耦合。简化或扩展分布式文件系统的功能,根据特定应用、特定负载、特定的计算模型对文件系统进行定制和深度优化,使应用达到最佳性能。这类优化技术在 Google、Facebook 等互联网公司的内部存储系统上,管理超过千万亿字节级别的大数据,能够达到非常高的性能。

2.3.2 虚拟化技术

1. 基本概念

VT,即虚拟化技术(Virtualization Technology)。Intel VT 就是指 Intel 的虚拟化技术。这种技术简单来说就是可以让一个 CPU 工作起来就像多个 CPU 并行运行,从而使得在一台计算机内可以同时运行多个操作系统。只有部分 Intel 的 CPU 才支持这种技术。

在虚拟化技术中,可以拥有多个独立的操作系统同时运行,每一个操作系统中都有多个程序运行,每一个操作系统都运行在一个虚拟的 CPU 或虚拟主机(虚拟机)上。

2. 虚拟化技术分类

虚拟化技术通常指的是软件层面的实现虚拟化的技术,整体上分为开源虚拟化和商业虚拟化两大阵营。典型的代表有 Xen,KVM,WMware,Hyper-V,Docker 容器等。

3. 不同抽象层次的虚拟化技术

在虚拟化中,物理资源通常有一个定语称为宿主(Host),而虚拟出来的资源通常有一个定语称为客户(Guest)。

在计算机系统中,从底层至高层依次可分为硬件层、操作系统层、函数库层和应用程序层,在对某层实施虚拟化时,该层和上一层之间的接口不发生变化,而只变化该层的实现方式。从使用虚拟资源的 Guest 的角度来看,虚拟化可发生在上述四层中的任一层。应当注意,在对 Guest 的某一层进行虚拟化时,并未对 Host 在哪一层实现它做出要求。

4. 系统级虚拟化实现

1) VMware

VMware 是 x86 虚拟化软件的主流厂商之一。VMware 的 5 位创始人中的 3 位曾在斯坦福大学研究操作系统虚拟化,项目包括 SimOS 系统模拟器和 Disco 虚拟机监控器。1998 年,他们与另外两位创始人共同创建了 VMware 公司,总部位于美国加州 Palo Alto。

VMware 提供一系列的虚拟化产品,产品的应用领域从服务器到桌面。下面是 VMware 主要产品的简介,包括 VMware ESX、VMware Server 和 VMware Workstation。

VMware ESX Server 是 VMware 的旗舰产品,后续版本改称为 VMware vSphere。ESX Server 基于 Hypervisor 模型,在性能和安全性方面都得到了优化,是一款面向企业级应用的产品。VMware ESX Server 支持完全虚拟化,可以运行 Windows、Linux、Solaris 和 Novell Netware 等客户机操作系统。VMware ESX Server 也支持类虚拟化,可以运行 Linux 2.6.21 以上的客户机操作系统。ESX Server 的早期版本采用软件虚拟化的方式,基于 Binary Translation 技术。自 ESX Server 3 开始采用硬件虚拟化的技术,支持 Intel VT 技术和 AMD-V 技术。

2) Microsoft

微软在虚拟化产品方面起步比 VMware 晚,但是在认识到虚拟化的重要性之后,微软通过外部收购和内部开发,推出了一系列虚拟化产品,目前已经形成了比较完整的虚拟化产品线。微软的虚拟化产品涵盖了服务器虚拟化(Hyper-V)和桌面虚拟化(Virtual PC)。

Virtual PC 是面向桌面的虚拟化产品,最早由 Connectix 公司开发,后来该产品被微软公司收购。Virtual PC 是基于宿主模型的虚拟机产品,宿主机操作系统是 Windows。早期版本也采用软件虚拟化方式,基于 Binary Translation 技术。之后版本已经支持硬件虚拟化技术。

Windows Server 2008 是微软推出的服务器操作系统,其中一项重要的新功能是虚拟化功能。其虚拟化架构采用的是混合模型,重要组件之一 Hyper-V 作为 Hypervisor 运行在最底层,Server 2008 本身作为特权操作系统运行在 Hyper-V 之上。Server 2008 采用硬件虚拟化技术,必须运行在支持 Intel VT 技术或者 AMD-V 技术的处理器上。

3) Xen

Xen 是一款基于 GPL 授权方式的开源虚拟机软件。Xen 起源于英国剑桥大学 Ian

Pratt 领导的一个研究项目,之后,Xen 独立出来成为一个社区驱动的开源软件项目。Xen 社区吸引了许多公司和科研院所的开发者加入,发展非常迅速。之后,Ian 成立了 XenSource 公司进行 Xen 的商业化应用,并且推出了基于 Xen 的产品 Xen Server。2007 年,Ctrix 公司收购了 XenSource 公司,继续推广 Xen 的商业化应用,Xen 开源项目本身则被独立到 www.xen.org。

从技术角度来说,Xen 基于混合模型,特权操作系统(在 Xen 中称作 Domain 0)可以是 Linux、Solaris 以及 NetBSD,理论上,其他操作系统也可以移植作为 Xen 的特权操作系统。Xen 最初的虚拟化思路是类虚拟化,通过修改 Linux 内核,实现处理器和内存的虚拟化,通过引入 I/O 的前端驱动/后端驱动(front/backend)架构实现设备的类虚拟化。之后也支持了完全虚拟化和硬件虚拟化技术。

4) KVM

KVM(Kernel-based Virtual Machine)也是一款基于 GPL 授权方式的开源虚拟机软件。KVM 最早由 Qumranet 公司开发,2006 年出现在 Linux 内核的邮件列表上,并于 2007 年被集成到了 Linux 2.6.20 内核中,成为内核的一部分。

KVM 支持硬件虚拟化方法,并结合 QEMU 来提供设备虚拟化。KVM 的特点在于和 Linux 内核结合得非常好,而且和 Xen 一样,作为开源软件,KVM 的移植性也很好。

5) Oracle VM VirtualBox

VirtualBox 是一款开源虚拟机软件,类似于 VMware Workstation。VirtualBox 是由德国 Innotek 公司开发,由 Sun Microsystems 公司出品的软件,使用 Qt 编写,在 Sun 被 Oracle 收购后正式更名成 Oracle VM VirtualBox。Innotek 以 GNU General Public License (GPL) 释出 VirtualBox。用户可以在 VirtualBox 上安装并且执行 Solaris、Windows、DOS、Linux、BSD 等系统作为客户端操作系统。现在由甲骨文公司进行开发,是甲骨文公司 VM 虚拟化平台技术的一部分。

6) Bochs

Bochs 是一个 x86 计算机仿真器,它在很多平台上(包括 x86、PowerPC、Alpha、SPARC 和 MIPS)都可以移植和运行。使用 Bochs 不仅可以对处理器进行仿真,还可以对整个计算机进行仿真,包括计算机的外围设备,如键盘、鼠标、视频图像硬件、网卡(NIC)等。

Bochs 可以配置作为一个老式的 Intel 386 或其后继处理器使用,例如 486、Pentium、Pentium Pro 或 64 位处理器。它甚至还可以对一些可选的图形指令进行仿真,例如 MMX 和 3DNow。

7) QEMU

QEMU 是一套由 Fabrice Bellard 所编写的模拟处理器的自由软件。它与 Bochs 和 PearPC 近似,但其具有某些后两者所不具备的特性,如高速度及跨平台的特性,QEMU 可以虚拟出不同架构的虚拟机,如在 x86 平台上可以虚拟出 POWER 机器。KQEMU 为 QEMU 的加速器,经由 KQEMU 这个开源的加速器,QEMU 能模拟至接近真实计算机的速度。

QEMU 本身可以不依赖于 KVM,但是如果有 KVM 的存在并且硬件(处理器)支持比如 Intel VT 功能,那么 QEMU 在对处理器虚拟化这一块可以利用 KVM 提供的功能来提升性能。换言之,KVM 缺乏设备虚拟化以及相应的用户空间管理虚拟机的工具,所以它借用了 QEMU 的代码并加以精简,连同 KVM 一起构成了一个完整的虚拟化解决方案,称为 KVM+QEMU。

2.3.3　云平台技术

1. 云平台基本概念

云平台,也叫云计算平台,是基于硬件资源和软件资源的服务,提供计算、网络和存储能力。云平台根据功能可以划分为三类:以数据存储为主的存储型云平台,以数据处理为主的计算型云平台,以及计算和数据存储处理兼顾的综合云平台。

2. 云平台核心技术

云计算系统的组建运用了许多技术,其核心技术为编程模型、数据分布存储技术、数据管理技术、虚拟化技术和云计算平台管理技术。

1) 编程模型

Google 公司推出的基于 Java、Python、C++ 等计算机语言的编程模型 MapReduce,是一种简单化的分布式编程模型。它一般用于大规模的数据集(大于 1TB)并行运算。编程模型使处于云计算环境下的程序编辑变得十分简单。云计算上的编程模型要确保简单,以保证用户能通过编写简单的程序就实现特定的目标,轻松地体会云计算提供的服务。同时也要求这种编程模型后台复杂的并行执行以及任务调度向用户和编程人员透明。

2) 数据分布存储技术

为保证高可靠性、高可用性和经济性,云计算存储数据采用了分布式存储的方式,并采用冗余存储的方式确保存储数据的高可靠性,即为同一份数据存储多个副本或采用多份备份法,采取并行的方法为大量的用户提供服务,云计算的数据存储技术也具有高传输率和高吞吐率的特点,Google、Intel、Yahoo 等厂商采用的都是这种数据存储技术。

3) 数据管理技术

为实现云计算系统对大量数据集进行处理和分析,进而向云计算用户提供高品质的服务,云计算的数据管理技术必须实现高效的大数据集管理。同时,还要实现在规模巨大的数据中找到特定的数据。云计算的特点是对海量的数据进行存储、读取之后再进行大量的分析,数据读操作的频率远大于数据更新的频率。云计算中的数据管理是一种读优化的数据管理。因此,云计算系统的数据管理多数采用数据库领域中列存储的管理模式,将表按列划分后进行存储,Google 的 BigTable 数据管理技术就是比较成熟的技术。

4) 虚拟化技术

虚拟化技术是一种在软件中仿真计算机硬件,以虚拟资源为用户提供服务的计算形式,旨在合理调配计算机资源,使其更高效地提供服务。虚拟化技术可以让软件系统和硬件系统隔离,它包括两种模式:一种是将单个资源划分为多个虚拟资源的裂分模式;另一种是将多个资源结合成一个虚拟资源的聚合模式。

5) 云计算平台管理技术

整个云计算系统的资源规模巨大,服务器数量众多且这些服务器会分布在不同地点,同时运行着几百种应用。此时,如何有效准确地管理这些服务器就成为云计算系统首要解决的问题。

2.3.4 并行编程技术

1. 概述

通过编码方式利用多核或多处理器称为并行编程,它是多线程概念的一个子集。并行编程分为如下几个结构。

(1) 并行的 LINQ 或 PLINQ。

(2) Parallel 类。

(3) 任务并行结构。

(4) 并发集合。

(5) SpinLock 和 SpinWait。

2. 并行框架(PFX)

当前 CPU 技术达到瓶颈,而制造商将关注重点转移到提高内核技术上,而标准单线程代码并不会因此而自动提高运行速度。利用多核提升程序性能通常需要对计算密集型代码进行一些处理。

(1) 将代码划分成块。

(2) 通过多线程并行执行这些代码块。

(3) 结果变为可用后,以线程安全和高性能的方式整合这些结果。

传统多线程结构虽然实现功能,但难度颇高且不方便,特别是划分和整理的步骤。其本质问题是多线程同时使用相同数据时,出于线程安全考虑进行锁定的常用策略会引发大量竞争。而并行框架(Parallel Framework)专门用于在这些应用场景中提供帮助。

2.3.5 数据管理技术

1. 数据管理技术概述

数据管理技术就是指人们对数据进行收集、组织、存储、加工、传播和利用的一系列活动的总和,经历了人工管理、文件管理、数据库管理三个阶段。每一阶段的发展以数据存储冗余不断减小、数据独立性不断增强、数据操作更加方便和简单为标志,各有各的特点。

2. 数据管理技术发展

1) 人工管理阶段

在计算机出现之前,人们运用常规的手段从事记录、存储和对数据加工,也就是利用纸张来记录和利用计算工具(算盘、计算尺)来进行计算,并主要使用人的大脑来管理和利用这些数据。该阶段管理数据的特点是:①数据不保存。因为当时计算机主要用于科学计算,对于数据保存的需求尚不迫切。②系统没有专用的软件对数据进行管理,每个应用程序都要包括数据的存储结构、存取方法和输入方法等。程序员编写应用程序时,还要安排数据的物理存储,因此程序员负担很重。③数据不共享。数据是面向程序的,一组数据只能对应一个程序。④数据不具有独立性。程序依赖于数据,如果数据的类型、格式或输入/输出方式等逻辑结构或物理结构发生变化,则必须对应用程序做出相应的修改。

2）文件系统阶段

20 世纪 50 年代后期到 20 世纪 60 年代中期，随着计算机硬件和软件的发展，磁盘、磁鼓等直接存取设备开始普及，这一时期的数据处理系统是把计算机中的数据组织成相互独立的被命名的数据文件，并可按文件的名字来进行访问，对文件中的记录进行存取的数据管理技术。数据可以长期保存在计算机外存上，可以对数据进行反复处理，并支持文件的查询、修改、插入和删除等操作，这就是文件系统。文件系统实现了记录内的结构化，但从文件的整体来看却是无结构的。其数据面向特定的应用程序，因此数据共享性、独立性差，且冗余度大，管理和维护的代价也很大。

3）数据库系统阶段

20 世纪 60 年代后期以来，计算机性能得到进一步提高，更重要的是出现了大容量磁盘，存储容量大大增加且价格下降。在此基础上，才有可能克服文件系统管理数据时的不足，而为了满足和解决实际应用中多个用户、多个应用程序共享数据的要求，从而使数据能为尽可能多的应用程序服务，就出现了数据库这样的数据管理技术。数据库的特点是数据不再只针对某一个特定的应用，而是面向全组织，具有整体的结构性，共享性高，冗余度减小，与程序之间具有一定的独立性。此阶段的特点是：数据结构化、数据独立性高和数据共享性高、冗余少且易扩充。

数据由 DBMS 统一管理和控制。数据库为多个用户和应用程序所共享，对数据的存取往往是并发的，即多个用户可以同时存取数据库中的数据，甚至可以同时存放数据库中的同一个数据，为确保数据库数据的正确有效和数据库系统的有效运行，数据库管理系统提供数据安全性控制、数据的完整性控制并发控制和数据恢复等功能。

2.4 云交付模型

云交付模型是云提供者提供的具体的、事先打包好的 IT 资源组合，云计算主要分为三种服务模型，而且这三种交付模型主要是从用户体验的角度出发的，如图 2-3 所示。

这三种交付模型分别是基础设施即服务（Infrastructure as a Service，IaaS）、平台即服务（Platform as a Service，PaaS）和软件应用即服务（Software as a Service，SaaS）。除此之外，还有一种新型的交付模型：CaaS（容器即服务），它是以容器为核心的公有云平台。

2.4.1 IaaS

1. IaaS 概述

IaaS 是指把 IT 基础设施作为一种服务通过网络对外提供。在这种服务模型中，用户不用自己构建一个数据中心，而是通过租用的方式来使用基础设施服务，包括服务器、存储和网络等。在使用模式上，IaaS 与传统的主机托管有相似之处，但是在服务的灵活性、扩展性和成本等方面，IaaS 具有很强的优势。

IaaS 是最简单的云计算交付模式，它用虚拟化操作系统、工作负载管理软件、硬件、网络和存储服务的形式交付计算资源。它也可以包括操作系统和虚拟化技术到管理资源

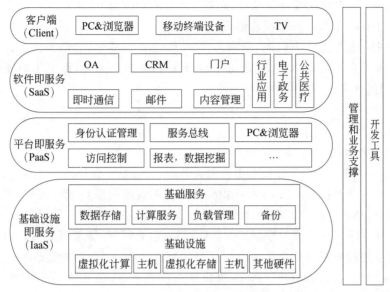

图 2-3 云计算三种交付模型

的交付。

IaaS 能够按需提供计算能力和存储服务。不是在传统的数据中心购买和安装所需的资源,而是根据公司需要,租用这些所需的资源。这种租赁模式可以部署在公司的防火墙之后或通过第三方服务提供商实现。

2. IaaS 核心技术

云计算平台上面的云主机实际上都是虚拟机,但人们感觉不出来,用起来和一台真实的服务器没什么区别,这都要归功于虚拟化(Virtualization)技术。可以说,虚拟化技术是实现云计算 IaaS 的核心技术。

虚拟化技术通过物理资源共享来极大地提高资源利用率,降低 IaaS 平台成本与用户使用成本。而且,虚拟化技术的动态迁移功能能够带来服务可用性的大幅度提高,这一点对许多用户极具吸引力。

常用的虚拟机软件 VMware Workstation 允许多个 x86 虚拟机同时被创建和运行,每个虚拟机实例可以运行其自己的客户机操作系统(Guest OS),如 Windows、Linux、BSD 等。VMware Workstation 允许一台真实的计算机同时运行多个操作系统。

管理多个虚拟机的软件叫作 VMM(Virtual Machine Monitor),或者叫 Hypervisor。VMM 做了三件事,分别是虚拟 CPU、虚拟内存、虚拟 I/O,使 Guest OS 认为自己正运行在一个真实的计算机上。

3. IaaS 产品与服务

云计算厂商是互联网企业基础设施的供给平台,主流的产品有以下几种。

(1)通过提供一套完整的功能来实现 IaaS 的服务。

提供的服务主要包括云主机、云存储、CDN 等服务。其中,国内的华为云、沃云、天翼云、阿里云、腾讯云、UCloud 等均采用了这样的产品模式,通过这样的产品模式能够为企业用户提供一个一站式的服务体系,从而提升产品的竞争力。

(2) 通过 IaaS 服务的一个模块形成的服务。

典型代表有七牛云、UPYUN、坚果云、360 云、迅雷。其中,七牛云、UPYUN、坚果云均是从云存储的角度切入市场,迅雷基于自身多年的 P2P 研究,推出了单纯的 CDN 服务,而 360 云则推出了云主机和云安全服务。

2.4.2　PaaS

1. PaaS 的基本概念

PaaS 是一种在云计算基础设施上将服务器平台、开发环境和运行环境等以服务的形式提供给用户的服务模式。PaaS 服务提供商通过基础架构平台或开发引擎为用户提供软件开发、部署和运行环境。在云计算的层级中,PaaS 层介于软件即服务与基础设施即服务之间。用户不需要管理与控制云端基础设施(包含网络、服务器、操作系统或存储),但需要控制上层的应用程序部署与应用托管的环境。PaaS 将软件研发的平台作为一种服务,以 SaaS 模式交付给用户。PaaS 提供软件部署平台,抽象掉了硬件和操作系统细节,可以无缝地扩展。开发者只需要关注自己的业务逻辑,不需要关注底层。即 PaaS 为生成、测试和部署软件应用程序提供一个环境。

PaaS 能将现有各种业务能力进行整合,具体可以归类为应用服务器、业务能力接入、业务引擎、业务开放平台,向下根据业务能力需要测算基础服务能力,通过 IaaS 提供的 API 调用硬件资源,向上提供业务调度中心服务,实时监控平台的各种资源,并将这些资源通过 API 开放给 SaaS 用户。PaaS 主要具备以下三个特点。

(1) 平台即服务:PaaS 所提供的服务与其他的服务最根本的区别是 PaaS 提供的是一个基础平台,而不是某种应用。

(2) 平台及服务:PaaS 运营商所需提供的服务,不仅是单纯的基础平台,而且包括针对该平台的技术支持服务,甚至针对该平台而进行的应用系统开发、优化等服务。

(3) 平台级服务:PaaS 运营商对外提供的服务不同于其他的服务,这种服务的背后是强大而稳定的基础运营平台,以及专业的技术支持队伍。

2. PaaS 关键技术

PaaS 层的技术具有多样性,主要如下。

(1) REST:通过表述性状态转移(Representational State Transfer,REST)技术,能够非常方便和优雅地将中间件层所支撑的部分服务提供给调用者。

(2) 多租户:就是能让一个单独的应用实例可以为多个组织服务,而且能保持良好的隔离性和安全性,通过这种技术,能有效地降低应用的购置和维护成本。

(3) 并行处理:为了处理海量的数据,需要利用庞大的 x86 集群进行规模巨大的并行处理,Google 的 MapReduce 是这方面的代表之作。

(4) 应用服务器:在原有的应用服务器的基础上为云计算进行了大量的优化,例如,用于 GAE 的 Jetty 应用服务器。

(5) 分布式缓存:通过分布式缓存技术,不仅能有效地降低对后台服务器的压力,而且还能加快相应的反应速度,最著名的分布式缓存例子莫过于 Memcached。

对于很多 PaaS 平台(如用于部署 Ruby 应用的 Heroku 云平台等),应用服务器和分布式缓存都是必备的,同时 REST 技术也常用于对外的接口,多租户技术则主要用于 SaaS 应用的后台,例如,用于支撑 Salesforce 的 CRM 等应用的 Force.com 多租户内核,而并行处理技术常被作为单独的服务推出,如 Amazon 的 Elastic MapReduce 等。

3. 典型 PaaS 平台

目前有能力提供 PaaS 平台的厂商并不多,一些大的 PaaS 提供者国外有 Google 的 Google App Engine、IBM 的 Rational 开发者云、Saleforce 公司的 Force.com、Microsoft Azure、Heroku 和 Engine Yard 等,国内有百度应用引擎 BAE、新浪云 SAE、腾讯云 QCloud 和阿里云 ACE。

2.4.3 SaaS

1. SaaS 概述

SaaS 是一种通过 Internet 向最终用户提供软件产品和服务(包括各种应用软件及应用软件的安装、管理和运营服务等)的模式。SaaS 定义了一种新的交付方式,也使得软件进一步回归服务本质,SaaS 服务提供商将应用软件统一部署在自己的服务器上,并以免费或按需租用的方式向最终用户提供服务。用户无须购买软件,无须对软件进行维护,也无须考虑底层的基础架构及开发部署等问题。SaaS 应用软件有免费、付费和增值三种模式。付费通常为"全包"费用,囊括通常的应用软件许可证费、软件维护费以及技术支持费,将其统一为每个用户的月度租用费。SaaS 不仅适用于中小型企业,所有规模企业都可以从 SaaS 中获利。

2. SaaS 的特性

SaaS 主要体包括以下 4 个特性。

(1)互联网特性。

SaaS 服务通过互联网浏览器或 Web Services/Web 2.0 程序连接的形式为用户提供服务,使得 SaaS 应用具备了典型互联网技术的特点。

(2)多重租赁(Multi-tenancy)特性。

SaaS 服务通常基于一套标准软件系统为成百上千的不同客户(又称为租户)提供服务。这要求 SaaS 服务能够支持不同租户之间数据和配置的隔离,从而保证每个租户数据的安全与隐私,以及用户对诸如界面、业务逻辑、数据结构等的个性化需求。由于 SaaS 同时支持多个租户,每个租户又有很多用户,这对支撑软件的基础设施平台的性能、稳定性和扩展性提出很大挑战。SaaS 作为一种基于互联网的软件交付模式,优化软件大规模应用后的性能和运营成本是架构师的核心任务。

(3)服务(Service)特性。

SaaS 使软件以互联网为载体的服务形式被客户使用,所以很多服务合约的签订、服务使用的计量、在线服务质量的保证和服务费用的收取等问题都必须加以考虑。而这些问题通常是传统软件没有考虑到的。

(4)可扩展(Scalable)特性。

可扩展性意味着最大限度地提高系统的并发性,更有效地使用系统资源。例如应用:

优化资源锁的持久性,使用无状态的进程,使用资源池来共享线和数据库连接等关键资源,缓存参考数据,为大型数据库分区。

3. SaaS 的实现

SaaS 的实现方式主要有以下两种。

一种是通过 PaaS 平台来开发 SaaS。一些厂商在 PaaS 平台上提供了一些开发在线应用软件的环境和工具,可以在线直接使用它们来开发 SaaS 平台;另一种是采用多租户架构和元数据开发模式,采用 Web 2.0、Struts、Hibernate 等技术来实现 SaaS 中各层(用户界面层、控制层、业务逻辑层和数据访问层等)的功能。

SaaS 可以在 IaaS 上实现,也可以在 PaaS 上实现,还可以独立实现。类似地,PaaS 可以在 IaaS 上实现,也可以独立实现。

4. 典型 SaaS 平台介绍

目前,SaaS 应用已经非常广泛,包括云 OA、云 CRM 和云 ERP 等。一些用作商务的 SaaS 应用平台包括 Citrix 公司的 GoToMeeting、Cisco 公司的 WebEx、Salesforce 公司的 CRM 等。

2.4.4 基本云交付模型的比较

IaaS、PaaS 和 SaaS 三个交付模型之间没有必然的联系,只是三种不同的服务模式,都是基于互联网,按需按时付费,就像水、电、煤气一样。但是在实际的商业模式中,PaaS 的发展确实促进了 SaaS 的发展,因为提供了开发平台后,SaaS 的开发难度就降低了。

(1)从用户体验角度而言,它们之间的关系是独立的,因为它们面对的是不同的用户。

(2)从技术角度而言,它们并不是简单的继承关系。首先,SaaS 可以是基于 PaaS 或者直接部署于 IaaS 之上;其次,PaaS 可以构建于 IaaS 之上,也可以直接构建在物理资源之上。

通过对交付模型进行分析,表 2-1 对三种基本交付模型进行了比较。

表 2-1 三种交付模型的比较

云交付模型	服务对象	使用方式	关键技术	用户的控制等级	系统实例
IaaS	需要硬件资源的用户	使用者上传数据、程序代码、环境配置	虚拟化技术、分布式海量数据存储等	使用和配置	Amazon EC2、Eucalyptus 等
PaaS	程序开发者	使用者上传数据、程序代码	云平台技术、数据管理技术等	有限的管理	Google App Engine、Microsoft Azure、Hadoop 等
SaaS	企业和需要软件应用的用户	使用者上传数据	Web 服务技术、互联网应用开发技术等	完全的管理	Google Apps、Salesforce CRM 等

这三种交付模型都是采用外包的方式,减轻云用户的负担,降低管理、维护服务器硬件、网络硬件、基础架构软件和应用软件的人力成本。从更高的层次上看,它们都试图去解决同一个问题——用尽可能少甚至零资本支出,获得功能、扩展能力、服务和商业价值。

成功的 SaaS 和 IaaS 可以很容易地延伸到平台领域。

2.4.5 CaaS

1. CaaS 概述

CaaS 也称为容器云,是以容器为资源分割和调度的基本单位,封装整个软件运行时环境,为开发者和系统管理员提供用于构建、发布和运行分布式应用的平台。CaaS 具备一套标准的镜像格式,可以把各种应用打包成统一的格式,并在任意平台之间部署迁移,容器服务之间又可以通过地址、端口服务来互相通信,做到既有序又灵活,既支持对应用的无限定制,又可以规范服务的交互和编排。

作为后起之秀的 CaaS,介于 IaaS 和 PaaS 之间,起到了屏蔽底层系统 IaaS,支撑并丰富上层应用平台 PaaS 的作用。

CaaS 解决了 IaaS 和 PaaS 的一些核心问题,例如,IaaS 很大程度上仍然只是提供机器和系统,需要自己把控资源的管理、分配和监控,没有减少使用成本,对各种业务应用的支持也非常有限;而 PaaS 的侧重点是提供对主流应用平台的支持,其没有统一的服务接口标准,不能满足个性化的需求。CaaS 的提出可谓是应运而生,以容器为中心的 CaaS 很好地将底层的 IaaS 封装成一个大的资源池,用户只要把自己的应用部署到这个资源池中,不再需要关心资源的申请、管理,以及与业务开发无关的事情。

2. CaaS 的优势

使用容器有很多好处,如可移植、可扩展、高效、安全、速度快。

(1)可移植性:用容器开发的应用拥有运行所需的一切,并可以部署在包括私有云和公共云在内的多种环境中。可移植性也意味着灵活性,因为用户可以更轻松地在环境和提供商之间移动工作负载。

(2)可扩展性:容器具有水平扩展的功能,这意味着用户可以在同一集群中成倍增加相同容器的数量,从而根据需要进行扩展。通过仅在需要时使用和运行所需的内容,可以大大降低成本。

(3)高效性:容器所需的资源要少于虚拟机(VM),因为它们不需要单独的操作系统。用户可以在单个服务器上运行多个容器,而且它们需要较少的裸机硬件,这意味着成本更低。

(4)更高的安全性:容器之间彼此隔离,这意味着在一个容器遭到破坏的情况下,其他容器并不会受到影响。

(5)速度:由于容器相对于操作系统具有自主性,因此其启动和停止仅需几秒钟的时间。这也加快了开发和运维工作,同时带来了更快、更流畅的用户体验。

2.5 云部署模式

云计算服务的部署模式(如图 2-4 所示)主要有三种,分别是公有云、私有云和混合云。公有云是云计算服务提供商为公众提供服务的云计算平台,理论上任何人都可以通过授权接入该平台。私有云则是云计算服务提供商为企业在其内部建设的专有云计算系统,只为企业内部服务。混合云则是同时提供公有和私有服务的云计算系统,它是介于公有云和私有云之间的一种折中方案。

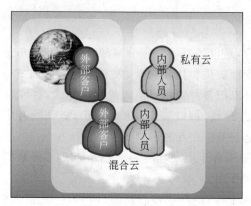

图 2-4 云部署模式示意图

2.5.1 公有云

公有云是一种云部署模式,在这种模式中,云服务供应商提供虚拟机、应用、网络连接和存储等计算资源,并负责物理基础架构的维护和管理,而云服务用户通过公共网络共享供应商提供的计算服务和基础架构。公有云的核心属性是共享资源服务。公有云的存储方式如图 2-5 所示。

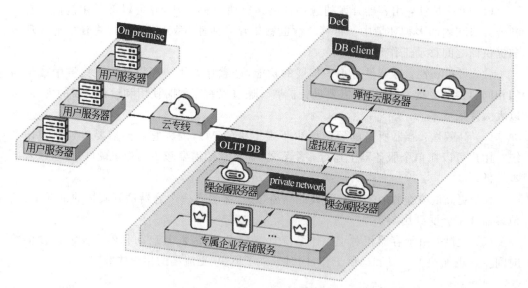

图 2-5 公有云的存储方式

公有云依靠虚拟化的环境创建云计算模式,是一种可支持多个云服务用户按需独立访问共享资源的基础架构。云服务提供商构建基础设施、集成资源、构建云虚拟资源池,并根据客户需求将资源分配给多个云服务用户。公有云有非常广泛的边界,用户访问公有云服务几乎没有限制。公有云的计算模型分为以下三部分。

（1）公有云接入：个人或企业可以通过普通的互联网来获取云计算服务，公有云中的"服务接入点"负责对接入的个人或企业进行认证，判断权限和服务条件等，通过"审查"的个人和企业，就可以进入公有云平台并获取相应的服务了。

（2）公有云平台：负责组织协调计算资源，并根据用户的需要提供各种计算服务。

（3）公有云管理：对"公有云接入"和"公有云平台"进行管理监控，它面向的是端到端的配置、管理和监控，为用户可以获得更优质的服务提供了保障。

公有云中，云服务提供商将负责系统的所有管理和维护工作，因此云服务用户（例如企业、学校）可以节省购买、管理和维护本地硬件及应用程序基础结构的昂贵成本。公有云部署、管理速度较快，并且拥有一个可无限缩放的平台。只要用户可以访问 Internet，他们就可以在任何办公室或分支机构通过自选设备（笔记本、iPad 等）使用相同的应用程序。

公有云网络是一个复合网络，它改变了以往网络的单一模式。公有云的网络架构是要适应云计算的服务商业模式，满足公有云用户管理和应用的需求。而且由于公有云的部署是面向互联网，所以服务的用户群和计算资源的需求是大规模的；如何使资源通过网络变得更加柔性和智能，是公有云网络发展的重要挑战。

经常听到或使用的云服务器和云服务器实例属于公共云类别，适合不具备或不需要建立私有云的企业和开发者。常见的公有云有亚马逊 AWS、Microsoft Azure、阿里云等。

2.5.2　私有云

私有云是一种按需云部署模式，通常以私有方式使用专有资源托管，将云计算服务和基础架构托管在公司自己的内联网或数据中心内，不与其他企业共享。私有云是为一个企业单独使用而构建的，因而在数据安全性以及服务质量上自己可以有效地管控。

私有云的基础是首先企业要拥有基础设施并可以控制在此设施上部署应用程序的方式，私有云可以部署在企业数据中心的防火墙内，核心属性是专有资源。私有云可以搭建在企业的局域网上，与企业内部的监控系统、资产管理系统等相关系统进行打通，从而更有利于企业内部系统的集成管理。现有的私有云有以下几种。

（1）虚拟私有云：与传统私有云不同，虚拟私有云中的资源位于公有云的隔离区域中，而不是托管在本地。

（2）托管私有云：由单独的云服务提供商托管在本地或在数据中心内，但不与其他企业共享服务器。云服务提供商负责配置网络、维护私有云的硬件、及时更新软件。对于需要私有云的安全性和可用性但又不想在内部数据中心方面投资的企业来说，这一选项可谓是两全其美。

（3）代管私有云：云服务提供商不仅能为企业托管私有云，还能管理和监控私有云的日常运维，同时部署和更新其他云端服务，如存储和身份管理或安全审核。代管私有云服务器可以为公司节省相当多的时间和 IT 资源。

私有云所有者可以保持完全控制，所以，企业不仅可以确保实现更严格的安全保护，还能获得比使用公有云时更高的可用性和更长的运行时间。虽然，私有云数据在安全性方面比公有云高，但是对于中小企业而言，维护的成本也相对较大，因此，一般只有大型企业会采用私有云。因为对于大型企业而言，尤其是互联网企业，业务数据绝对不能被任何其他的市场主体获取，而自身的运维人员以及基础设施都已经比较充足完善了，搭建自己的私有云有时候成本反而会比公有云来得低。例如，百度绝对不会使用阿里云，不仅是出于自己的数据安全方面的考虑，成本也是一个比较大的影响因素。

与公有云相比，私有云可为企业提供更大的控制力和更高的安全性，但管理私有云需要更高级别的IT专业技能。事实上，最终选择公有云还是私有云主要取决于企业的现状与需求。

2.5.3 混合云

混合云，有时称为云混合，是一种将私有云与公有云结合的平台，它们相互独立，但在云的内部又相互结合，即在本地和异地协同工作，以向企业提供云计算服务解决方案的任意组合。混合云环境能够让企业整合这两种云计算平台的优势，并根据特定数据需求选择要使用的云环境。

私有云主要是面向企业用户，出于安全考虑，企业更愿意将数据存放在私有云中，但是同时又希望可以获得公有云的计算资源，在这种情况下，混合云被越来越多地采用。它将公有云和私有云进行混合和匹配，以获得最佳的效果，这种个性化的解决方案，达到了既省钱又安全的目的。

混合云支持分层存储体系架构，主存储系统（托管用户最常访问的应用的文件和数据）位于私有云中，距离用户最近，有利于发挥最佳性能；第二存储层性能较低，位于公有云中，通常充当主层的备份；第三存储层延迟最高，位于公有云中，可将第三层作为第一层数据的备份，或用于长期存储用户很少访问的存档数据。

由于使用混合云比单纯使用公有云或私有云更为复杂，因此，混合云的部署方式对云计算服务提供商的要求较高，所以，现在可供选择的混合云产品较少。

2.6 云计算的应用与创新

2.6.1 云计算与存储

云存储是在云计算概念上延伸和发展出来的一个新的概念，是一种新兴的网络存储技术，是指通过集群应用、网络技术或分布式文件系统等功能，将网络中大量的、各种不同类型的存储设备通过应用软件集合起来协同工作，共同对外提供数据存储和业务访问功能的一个系统。云存储是一种资源、一种服务，是一个以数据存储和管理为核心的云计算系统。本质上来说是一种网络在线存储的模式，主要用途包括数据备份、归档和灾难恢复等。

真正的云存储包括百度云、阿里云网盘等，这些应用的作用，可以帮助用户存储资料，如大容量文件就可以通过云存储留给他人下载，节省了时间和金钱，有很好的便携性。现在，除了互联网企业外，许多IT厂商也开始有自己的云存储服务，以达到捆绑客户的作用，如联想的"乐云"、华为的网盘等。

2.6.2　云计算与安全

云安全是继云计算和云存储之后出现的"云"技术的重要应用,是传统 IT 领域安全概念在云计算时代的延伸。云安全通常包括两方面的内涵:一是云计算安全,即通过相关安全技术,形成安全解决方案,以保护云计算系统本身的安全;二是安全云,特指网络安全厂商构建的提供安全服务的云,让安全成为云计算的一种服务形式。

从云计算安全的内涵角度来说,"云安全"是网络时代信息安全的最新体现,是安全软件、安全硬件和安全云平台等的总称。主要体现为应用于云计算系统的各种安全技术和手段的融合。"云安全"是"云计算"技术的重要分支,并且已经在反病毒软件中取得了广泛的应用,发挥了良好的效果。

从安全云的内涵角度来说,"安全"也将逐步成为"云计算"的一种服式形式,主要体现为网络安全厂商基于云平台向用户提供各类安全服务。

云计算的光芒能否照进千家万户,最重要的是安全问题。安全性不达标,就很容易造成数据丢失、泄露等,对政府、企业等运作产生巨大损失。目前,我国网络安全企业在"云安全"的技术应用上走在世界前列。

2.6.3　云计算与大数据

云计算与大数据代表了 IT 领域最新的技术发展趋势,两者既有区别又有联系。百度的张亚勤说:"云计算和大数据是一个硬币的两面,云计算是大数据的 IT 基础,而大数据是云计算的一个杀手级应用。"一方面,云计算是大数据成长的驱动力;而另一方面,由于数据越来越多,越来越复杂,越来越实时,这就更加需要云计算去处理,所以二者之间是相辅相成的,我们不能把云计算和大数据割裂开来作为截然不同的两类技术来看待。

第一,大数据侧重于对海量数据的存储、处理与分析,从海量数据中发现价值,服务于生产和生活,云计算本质上旨在整合和优化各种 IT 资源,并通过网络以服务的方式廉价地提供给用户。

第二,大数据根植于云计算,大数据分析的很多技术都来自于云计算,是云计算技术的延伸。云计算的分布式数据存储和管理系统(包括分布式文件系统和分布式数据库系统)提供了海量数据的存储和管理能力,分布式并行处理框架 MapReduce 提供了海量数据分析能力,没有这些云计算技术作为支撑,大数据分析就无从谈起;反之,大数据为云计算提供了"用武之地",没有大数据这个"练兵场",云计算技术再先进,也不能发挥它的应用价值。

可以说,云计算和大数据已经彼此渗透、相互融合,在很多应用场合都可以同时看到彼此的身影。在未来,两者会继续相互促进、相互影响,更好地服务于社会生产和生活的各个领域。

2.6.4　云计算与虚拟化

云计算是业务模式,是产业形态,它不是一种具体的技术。例如,IaaS、PaaS 和 SaaS 都是云计算的表现形式。而虚拟化技术是一种具体的技术,虚拟化和分布式系统都是用来实现云计算的关键技术之一。

换句话说,云计算是一种概念,其"漂浮"在空中,故如何使云计算真正落地,成为真正提供服务的云系统是云计算实现的目标。业界已经形成广泛的共识:云计算将是下一代计算模式的演变方向,而虚拟化则是实现这种转变最为重要的基石。虚拟化技术与云计算几乎是相辅相成的,在云计算涉及的地方,都有虚拟化的存在,可以说,虚拟化技术是云计算实现的关键,没有虚拟化技术,谈不上云计算的实现。所以虚拟化与云计算有着紧密的关系,有了虚拟化的发展,云计算才成为可能,而云计算的发展,又会带动虚拟化技术进一步成熟和完善。

虚拟化有效地分离了硬件与软件,而云计算则让人们将精力更加集中在软件所提供的服务上。云计算必定是虚拟化的,虚拟化给云计算提供了坚定的基础。但是虚拟化的用处并不仅限于云计算,这只是它强大功能中的一部分。

2.6.5 云计算的商业模式

云计算的一个典型特征就是 IT 服务化,也就是将传统的 IT 产品、运算能力通过互联网以服务的形式交付给用户,于是就形成了云计算商业模式。云计算是一种全新的商业模式,其核心部分依然是数据中心,它使用的硬件设备主要是成千上万的工业标准服务器,它们由英特尔或者 AMD 生产的处理器以及其他硬件厂商的产品组成。企业和个人用户通过高速互联网得到计算能力,从而避免了大量的硬件投资。

云计算的商业模式 IaaS、PaaS 和 SaaS 分别对应于传统 IT 中的"硬件""平台""软件(应用)"。

2.6.6 云计算的未来

1. 云计算的发展

随着云计算的继续发展,未来在云基础设施、云开发、云应用、云管理四方面都将会出现更多的服务和产品形态。

第一是基础服务设施的发展,据 IDC 发布的《IDC FutureScape:全球云计算 2022 年预测——中国启示》,到 2025 年,根据性能、安全性和合规性要求,40%的组织将会采用部署在企业本地或服务商处的专属云服务。50%的组织将其数据保护系统迁移到云,并以云为中心,实现中心和边缘数据的统一管理和治理。30%的组织将使用云托管服务商提供的应用实现任何地点部署以及运行的一致性。

第二是云开发的发展,随着更多的企业上云,依赖云提供的各种 API 生态将会蓬勃发展,可以看到类似阿里云、AWS 这样的基础设置领导者正在不断地完善他们的 API 供使用者调用。其实在当下,我们就可以通过这些服务提供商提供的 API 来对一些云服务提供生命周期管理。在未来还会有更多的产品和服务将使用公有云和内部 API 提供的服务构建复合型应用程序;据 IDC 预测,其中将有一半利用人工智能和机器学。

第三是云应用的发展,未来人工智能自动化、物联网和智能设备每天将产生庞大的数据,这将导致一些行业应用规模化从而驱动很多业务提供商通过云来为客户提供应用,即会出现各种丰富多样的 PaaS 平台,如医疗、教育、电商等。

第四是云管理的发展,随着虚拟化技术和容器以及容器编排技术的发展,Kubernetes和多云管理流程以及各种自动化运维工具的出现,未来将会有更多的企业在容器、开源和云原生应用开发方面依赖于第三方服务提供商的帮助来构建和管理他们的业务。

可以看到,云计算在这十几年时间里从互联网走向非互联网,从传统的服务升级方式走向云原生,从影响企业 IT 变革走向推动企业全面数字化转型,正深刻地影响着个人、企业乃至整个社会的生产生活方式。

2. 云计算的未来

1) 北向扩展——行业化云与智能化云

目前,IaaS、PaaS 领域的技术已经越来越成熟,而且这部分技术相对通用。相比之下,SaaS 服务具有很强的行业属性和定制化需求,虽然目前已经有了 Salesforce 这样非常优秀的 SaaS 云服务商,但是离满足市场需求还有很大的差距。

云计算会继续向行业化方向拓展,今天已经出现的众多行业化的云还是粗粒度的,未来会进一步细分,以便更好地满足客户的精准需求。例如,金融云未来可能进一步细分为银行云、证券云、保险云。业务中台也可能进一步细化成汽车行业业务中台、能源行业业务中台、银行行业业务中台等。此外,随着云原生技术的不断发展,容器、Serverless、AIOps 等技术的不断涌现和成熟,云会进一步智能化,具体体现在以下几方面。

(1) 业务配置化:微服务、服务网格、业务中台、数据中台等理念和技术的出现,使业务的新增与裁减变得更简单,可以通过插拔的方式进行业务的灵活调整。

(2) 资源透明化:Serverless 逐步发展、演进成 FaaS(功能即服务),当前主要集中在把 IaaS 资源透明化方面,未来会进一步拓展到把业务能力抽象化、透明化方面,从而进一步向上发展,提供更强大的无服务器编程和编排能力,进一步优化基础资源、降低应用系统的使用成本。

(3) 故障自愈化:通过 AIOps 进行监控并利用数据分析、机器学习等技术,在故障发生时可以进行自我诊断、自我修复,在机器无法完成自我修复的复杂情况下,可以通知工程师进行人工干预。

(4) 扩缩容自动化:云计算本来就具有很强的扩容/缩容能力,容器的大规模使用进一步提升了这方面的能力。根据长期业务的实际运转情况设定相应的扩缩容规则,可实现一定程度上的自动化容量管理,进一步提升资源使用率,降低成本。

2) 南向融合——云计算、物联网、区块链的融合

一方面,云计算在北向往业务和数据服务方面拓展;另一方面,云计算在南向不断地加深与物联网、区块链等底层技术侧的融合。

特别是通过与物联网的结合,云把触角延伸到了端,原来需要全部在中心化的云上进行计算的数据中,有很大一部分可以分解到端上做第一级的计算,不用每次都上传下行地对全部数据进行传输。这样,一方面缓解了中心化的云的计算负担和无效数据传输造成的带宽浪费;另一方面,大幅提升了端的自主性和时效性。

3) 去中心化的云

目前,主流的云计算都是高度中心化的云,云计算厂商利用海量的服务器、存储、网络设备提供资源共享能力,用户按需购买资源。这种方式提供了非常强大的计算能力,用户

可以用相对低廉的价格购买到所需资源并进行使用。除了这种中心化的计算资源外,全球仍然存在海量的闲置的计算资源,如个人计算机、手机等移动设备等。目前,有些机构开始尝试通过分布式技术把这部分资源利用起来,BOINC(伯克利开放式网络计算平台)就是其中的一个典型代表。

不过,这种模式也存在天然的缺陷,由于提供闲置计算资源的个体无法从中获得相应的收益,激励机制不明确导致志愿者较少,而区块链的出现为解决这一问题带来了曙光。区块链通过贡献证明协议提供可证明的共识和可溯源的信任机制,从而形成有效的激励机制。

云计算从诞生之初就有一个长期发展的目标,那就是"可信、可靠、可控制",这与区块链的信任机制高度一致。区块链和云计算结合会带来一种新的服务体验。目前,已经出现了一些尝试利用闲置硬盘、手机空闲计算能力等的区块链云计算服务。例如,人们可以把空闲硬盘贡献出来,通过区块链的规则并按照云计算的服务方式,将大量闲置的计算资源整合成超级计算机/计算池,租给用户使用。类似的厂商有 Storj、迅雷等。当然,区块链也有需要解决的自身性能问题,所以未来将是云计算巨头和众多的基于区块链的小云并存的云时代。

重 点 小 结

(1)云计算体系结构及关键技术。

(2)云计算的分布式海量数据存储、虚拟化技术、云平台技术、并行编程技术及数据管理技术。

(3)云计算服务模型包括基础设施即服务(IaaS)、平台即服务(PaaS)、软件即服务(SaaS)。随着云计算内涵的不断丰富,又提出了"一切兼为服务"的概念。

习题与思考

1.请分析云计算的体系架构的内在关系。

2.云计算交付模型包括哪些组成部分?

3.云计算服务部署模式的种类及各自特点有哪些?

任 务 拓 展

请根据实例总结云计算的应用,并查阅资料展望云计算的未来。

学习成果达成与测评

项目名称	云计算技术		学　时	4	学　分	0.2
职业技能等级	中级	职业能力	理解分布式海量数据存储；理解虚拟化技术；理解云平台技术；理解并行编程技术；理解数据管理技术		子任务数	5 个
序　号	评 价 内 容		评 价 标 准			分数
1	理解分布式海量数据存储		通过查阅相关资料，能够理解分布式海量数据存储概念及关键技术			
2	理解虚拟化技术		通过查阅相关资料，理解虚拟化技术的实现			
3	理解云平台技术		通过查阅相关资料，掌握云平台技术的具体实现案例			
4	理解并行编程技术		通过查阅相关资料，理解并行编程技术结构			
5	理解数据管理技术		了解数据管理技术的发展方向和趋势			
考核评价	项目整体分数（每项评价内容分值为 1 分）					
	指导教师评语					
备注	奖励： 　　1. 按照完成质量给予 1～10 分奖励，额外加分不超过 5 分。 　　2. 每超额完成 1 个任务，额外加 3 分。 　　3. 巩固提升任务完成优秀，额外加 2 分。 惩罚： 　　1. 完成任务超过规定时间扣 2 分。 　　2. 完成任务有缺项每项扣 2 分。 　　3. 任务实施报告编写歪曲事实、个人杜撰或有抄袭内容不予评分。					

学习成果实施报告书

题　目						
班　级		姓　名			学　号	

任务实施报告

　　请简要记述本工作任务学习过程中完成的各项任务,描述任务规划以及实施过程,遇到的重难点以及解决过程,总结学习过程中的相关知识等,字数要求不低于 800 字。

考核评价(按 10 分制)

教师评语:	态度分数	
	工作量分数	

考 评 规 则

　　工作量考核标准:
　　1. 任务完成及时。
　　2. 操作规范。
　　3. 实施报告书内容真实可靠,条理清晰,文笔流畅,逻辑性强。
　　4. 没有完成工作量扣 1 分,故意抄袭实施报告扣 5 分。

第3章 电 信 云

知识导读

当前,不断涌现的新型 IT 技术正逐渐渗透至电信行业,传统的电信设备都是以专用的硬件形态呈现的,在专有平台架构下,各硬件设备互相独立。云计算、虚拟化等新技术打破了传统电信行业的思维方式,引入了网络功能虚拟化和软件定义网络的思想,将电信网络和相关业务部署在基于云的架构上,基于云的弹性服务环境相比传统的专属硬件环境具有灵活敏捷等优势。同时,伴随着下一代互联网时代的到来和边缘业务的兴起,当前运营商提供的网络难以满足快速发展的网络业务需求,不能很好地兼容新业务,电信运营商必须转型,拥抱新的 IT 技术。在此背景下,通过建设电信云服务环境来重构电信网络、电信业也就成为运营商战略转型的重要一步。

学习目标

- 了解电信云相关概念
- 了解电信云应用场景
- 了解电信云的关键技术

能力目标

- 熟练掌握电信云的典型案例

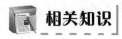

相关知识

3.1 电信云概述

3.1.1 电信云背景

近年来,云厂商的产品逐步商业化,国内运营商以省为试点进行 VNF(虚拟化的网络功能模块)及业务系统的云化。运营商将云化扩展到应用程序,如虚拟客户端设备(vCPE)、IP 多媒体系统(IMS)、演进分组核心(EPC)以及 BSS(基本服务集)系统、CSS(集群交换机)系统等,并联合设备厂商进行多省份的部署测试,主要呈现出如下特点。

1. 数据流量爆发式增长,传统网络面临四大挑战

随着物联网和 5G 时代的到来,通信领域的业务场景日益多样化,数据流量呈现出爆发式增长,这给运营商网络带来了极大冲击。传统的运营商网络难以适应新业务的发展需求,网络架构显现出四方面的不足:①网络不够敏捷高效,拉长了业务上线周期;②网络设备利用率较低,导致成本居高不下;③网络开放性不足,制约了面向行业用户的服务能力；④网络缺乏协同性和自动化。

2. 运营商的云化转型由规划布局向落地实践推进

在 IT 技术的快速发展和 5G 商用实践的推动下，运营商纷纷发布转型计划，将云计算等关键技术引入 CT 领域，转型的理念涉及基于云架构来建设电信服务环境。

国际方面，AT&T（美国第二大移动运营商）发布了 Domain 2.0 白皮书，西班牙电信转型提出"BE MORE"的口号，Verizon 提出"承诺一个数字化社会"的战略愿景，可以看到电信行业的云架构化已是大势所趋。国内方面，中国移动提出的 NovoNet（下一代革新）计划、中国联通提出的 CUBE-Net 2.0（新一代网络技术和体系）架构和中国电信提出的 CTNet 2025，都是电信运营商给未来网络云架构化制订的计划。

3. 电信云按照场景可分为 CT（通信技术）云和 IT（互联网技术）云

CT 云侧重于网络的云化，意在建设云架构化的新型电信网络服务环境；而 IT 云是针对运营商内部的应用系统的云化，如计费与结算系统、营业与账务系统、客户服务系统和决策支持系统的云化。电信云架构图如图 3-1 所示。

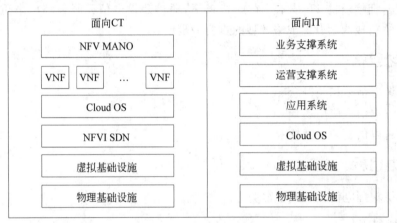

图 3-1　电信云架构图

CT 云将通信网元建设在云的架构上，由于电信业务的特点，使得 CT 云在功能和性能方面明显有别于 IT 云。功能上，CT 云除了有云资源管理，还有虚拟化网元生命周期管理和电信业务编排和管理，通信行业属性显著。随着人工智能、大数据等技术的发展，未来电信云中的 IT 云和 CT 云在数据层面进行打通成为趋势，IT 云针对 CT 云存储的海量数据资源进行分析，得出用户的日常行为习惯反作用于建设 CT 云。

3.1.2　电信云概念、特征

经过多年发展，云计算技术已经形成较为完整的生态体系，并逐渐运用到重点行业。在电信行业，传统运营商网络大多是以专用形态来呈现的，高耦合的软硬件形式导致网络系统的业务和功能绑定，因此业界需要一种通用的硬件架构，配合灵活的软件方式来解决这些问题，在此背景下，电信云技术应运而生。

云技术的成熟和网络业务的升级驱动电信云发展。一方面，不断涌现的新型 IT 技术正逐渐渗入到电信行业，虚拟化、云计算、SDN（软件定义网络）/NFV（网络功能虚拟化)等技术可以实现电信业务云化和网络功能灵活调度,以达到网络资源最大化运用;另一方面,伴随着 5G 时代的到来和边缘业务的兴起,当前运营商网络软硬一体化的通信网元和转发控制一体的网络设备,难以满足快速发展的网络业务需求,不能很好地兼容新业务。为应对网络转型的需求,以 SDN/NFV 等技术为基础的电信云应运而生。

电信云具有以下 3 个显著特点:高性能、高可靠性和电信级可管控。

(1)高性能体现在大路由转发和网络自动化。电信云有大量路由型 VNF 的引入,需要支持海量 IPv4/IPv6 路由学习与转发,以及数据中心网络的故障快速感知与倒换,实现网络拥塞前调整流量、质量劣化前优化质量,从而达到网络自治。

(2)高可靠性体现在电信级"5 个 9"的针对性优化。电信业务对现有 IT 数据中心和基础设施在可靠性方面提出了更高要求,NFV 系统由服务器、存储、网络和云操作系统多部件构成,潜在故障率更高,电信级"5 个 9"的可靠性需要针对性的优化方案。

(3)电信级可管控体现在标准化电信资源的运维和管理。电信云将资源集中管理,全网资源共享,提升资源利用率,降低建设成本;网络集中运维,提升运维效率,降低运维成本;业务集中部署,实现业务快速迭代。

3.1.3　运营商电信云发展历程

在全球运营商皆迈向云化演进道路的早期,移动通信设备都是以专用的设备形态呈现的,在专有平台架构下,各硬件设备彼此独立。随着 IT 技术的快速发展,云计算、虚拟化、SDN/NFV 等技术逐渐应用到电信行业,灵活的软件方式终将替代传统的专属硬件。将电信业务云化可以实现网络功能的灵活调度和网络资源的最大利用,因此,通过建设电信云服务环境来重构电信网络以及电信业成为运营商战略转型的重要一步。

在国外,从 AT&T 发布的 Domain 2.0 计划开始,DT、Orange、Telefonica 等大量的电信运营商开始迈向云化演进的道路。在国内,中国移动的 NovoNet 2020、中国联通的 CUBE-Net 2.0、中国电信的 CTNet 2025 等一系列规划,本质上都是传统电信网络的云化转型,基于电信云服务环境来承载电信级业务。从目前来看,电信云的发展可以概括为两个阶段:独立电信云阶段和分布式统一电信云阶段。

(1)独立电信云阶段。这一阶段运营商主要部署 vIMS、vEPC、vBRAS、vCPE 等网元,同时,引入 MANO(管理与编排系统)来实现自动化的网元和业务部署。在这种方式下虽然也会部署几个数据中心,但是各个数据中心的电信云是互相独立的,之间没有 DCI(数据中心互联)或者业务互相迁移的需求。

(2)分布式统一电信云阶段。在这个阶段运营商希望中心 DC、区域 DC 和边缘 DC 能够统一管理,业务和管理呈现为一朵云,真正形成分布式统一电信云。这就要求把整个广域网纳入电信云管理平台实现 DCI,对系统的整合能力提出了更高的要求。

3.2　电信云主要应用场景

3.2.1　核心网业务

当前电信云主要应用于核心网业务,下一代网络业务在数量和灵活性上的要求都远远高于当前网络,所以,电信云的建设无论是承载当前网络还是下一代网络业务,都按照下一代网络要求建设,以满足未来核心网业务的平滑迁移,避免浪费投资成本。

1. 云主机租赁

云服务器,比传统的 VPS(虚拟专用服务器)可靠,云服务器通过技术在物理上将 CPU、内存、硬盘分开,即使其中一台云服务器出现故障崩溃,也不会影响其他客户的云服务器。

2. 云存储

各行各业信息化加快,传统资料逐渐数据化,如图书馆电子资源、数字印刷等,娱乐观众的大量视频、图片被创造。云存储可加快访问速度,将内容分布部署在不同结点,提高客户访问体验,将内容的不同片段存放在不同的 IDC,既不容易破译,也不会丢失,而且能更快地读取数据。

3.2.2 边缘结点业务

移动业务发展到下一代网络,业务模式新的发展趋势为:低时延、高带宽和本地化。由于电信业务覆盖范围不统一,单一的数据中心无法满足需求,因此需要将大量的业务部署在边缘电信云中。边缘数据中心主要面向本地业务的接入及本地化数据处理等,由于贴近用户,一般部署对时延要求极高的业务和边缘计算类业务,用于提供高质量的网络,提升用户体验。电信云部署在边缘结点的示意图如图 3-2 所示。

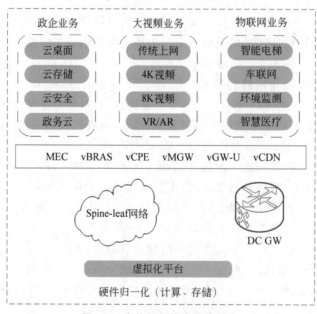

图 3-2 电信云部署在边缘结点

边缘电信云的应用场景大致可包括以下几方面的业务。

1. 移动语音业务

媒体面网关(MGW)作为语音交换的承载网元,主要功能是用于完成媒体资源处理、媒体转换、承载控制功能,以支持各种不同呼叫相关业务的网络实体。语音业务有较高的时延要求,因此将 MGW 就近部署成为必然选择。在虚拟化环境中,可以将 vMGW 部署在边缘数据中心,用于扩容或者替换现有的物理 MGW,在提升用户体验的同时也完成了MGW 的虚拟化。

2. 移动数据业务

数据业务一般都是在核心网侧(区域数据中心)处理,同时接入 Internet。针对热点地区或者非中心区域(例如县级市),由于流量的增大和距离的拉远,移动数据业务的延时和响应会受到较大影响,不利于用户体验,此时将媒体面处理网元(GW-U)下移到边缘数据中心,可以提高移动数据业务的响应速度,提升客户的用户体验。

3. 固定网络业务

BRAS(宽带接入服务器)设备作为用户固网互联网业务的入口,其重要性不言而喻。在 SDN/NFC 网络中,通过 SDN&NFV 技术可以实现 vBRAS 设备控制转发分离、软硬件解耦视频相关业务,在 vBRAS 架构中,vBRAS-C 控制面负责用户的管理和控制,控制覆盖面较大,一般部署于区域数据中心或者数据中心,而 vBRAS-U 转发面负责用户数据报文的转发,可以下沉到边缘数据中心,用于提升宽带用户的体验,提高上网以及视频响应速度。

4. CDN(内容交付网络)业务

随着移动视频业务以及 4K 视频等大带宽业务的推广,对于视频内容服务的要求越来越高,对 CDN 的转发能力以及网络带宽的要求与日俱增,将 CDN 部署在边缘数据中心,使得用户的大部分视频要求通过本地 CDN 即可满足,极大提升了用户体验,减轻了网络负荷。

3.2.3 业务运营支撑系统

目前,我国电信运营商的业务运营支撑系统已形成以省为中心集中部署的形态,包括网管支撑系统、业务支撑系统、业务运营系统以及管理支撑系统。系统运行数据库包括Oracle、DB2、SQL Server 等数据库管理系统,在大部分省级电信运营商中,IT 基础资源在各系统内独立部署,独占资源,并没有实现企业内 IT 基础资源的有效共享。

随着云计算技术的积累和发展,国内外各电信运营商都意识到 IT 基础资源整合的必要性,开始着手用云计算技术实现内部的应用系统的整合改造,积极推进电信云建设,面向新网络新业务,建设一套云化网络运营支撑系统,以系统集中化、网络管理自动化为原则,以面向新网络运维分析入手,建立面向 IT 的电信云服务与电信业务运营支撑系统。电信云可构建统一的 IT 基础设施,实现 IT 基础资源的统一运营、管理,快速适应不同应用和网络切片的需求,实现"弹性"资源分配能力。

3.3 电信云的关键技术

3.3.1 网络功能虚拟化

为解决电信网络硬件繁多、部署运维复杂、业务创新困难等问题,业界提出 NFV 诉求,并在 ETSI 联合成立 NFV-ISG 组织,致力于推动网络功能虚拟化。网络功能虚拟化(Network Function Virtualization,NFV)是通过使用基于行业标准的服务器、存储和交换设备,利用软件和自动化技术替代专用网元设备去定义、创建和管理电信网络及业务的新方式。目前,NFV 已经成为运营商建设电信云的关键技术,在全球已有超过 400 项 NFV 部署计划和 100 多个 NFV 商用结点,覆盖 EPC、IMS、物联网等多种网络场景。

电信云中引入 NFV 关键技术,旨在:

(1) 将传统电信设备的软件与硬件解耦,使得电信网络功能可以基于通用计算、存储、网络设备而实现,降低设备购买成本和维护成本。

(2) 由于计算存储资源的通用化,管理和维护效率具备提升的基础。

(3) 软件化后,业务的部署速度和部署灵活性将可提高。

(4) 在虚拟化技术的支撑下,网络资源的智能调度得以更加容易实现,利用弹性伸缩能力实现自动扩缩容和节能减排。

(5) 解耦分层后,软硬件各层均有不同领域的专业厂商和开源组织参与,逐步构建开放生态,为业务创新提升、新业务加快上市提供基础。

电信云中的网络功能虚拟化层由虚拟化网元和网元管理模块组成。虚拟化网元由一个或多个运行特定的业务功能 VNF 来实现,VNF 又由完成具体业务的功能单元组成,如操作维护单元(OMU)、接口处理单元(IPU)、业务处理单元(SPU)、会话数据单元(SDU)等。

图 3-3 是电信云中网络功能虚拟化的逻辑模型示意图,VNF 是一个运行核心网特定业务的虚拟化网元,如会话边界控制网元 SBC。接口处理单元(IPU)、业务处理单元(SPU)、会话数据单元(SDU)、操作维护单元(OMU)等是 VNF 网元中完成具体业务功能的单元。

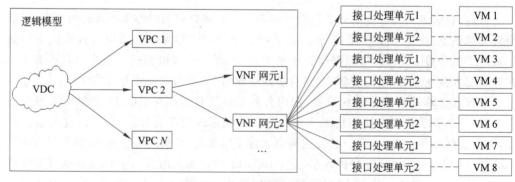

图 3-3　NFV 逻辑模型示意图

- 接口处理单元(IPU):承担了传统核心网设备中接口板的角色,提供外部 IP 网络连接能力、虚拟网络交换能力以及业务处理单元的虚拟机负载均衡能力。

- 业务处理单元(SPU):承担了传统核心网设备中业务板的角色,提供 3GPP 和非 3GPP 协议定义的业务功能。

- 会话数据单元(SDU):承担了传统核心网设备中的数据库角色,提供分布式上下文数据存取功能;SPU 负责计算处理,SDU 负责完成所有状态数据的存储,为云化场景下实现高可靠性提供了基础保障。

- 操作维护单元（OMU）：是 VNF 的操作维护中心，承担了传统核心网设备中的主控板的角色，提供南向接口、配置、告警、日志、接入认证等基础功能。

网元管理模块主要由 VNFM 实现，包括 VNF 实例的生命周期管理和在 NFVI 和 E/NMS 之间的整体协调功能。网络功能虚拟化层向网络的编排模块提供标准化的功能接口，由 NFVO 对网络功能进行编排，形成全局的、端到端的网络服务。

经过近年 NFV 的概念验证、实验网、现网试点以及试商用等一系列准备工作，NFV 技术已日趋成熟，进入快速发展期，标准组织、开源组织、运营商、设备商等倾力合作，推动 NFV 产业链向前大力发展。目前，大多数部署方案采用的是基于同厂家垂直建设再整合的模式，与 NFV 云化阶段所要求的统一云平台解耦部署、全网资源共享、敏捷的业务编排等能力要求仍存在差距。

3.3.2　软件定义网络

2006 年，SDN 诞生于美国 GENI 项目资助的斯坦福大学 Clean Slate 课题。以斯坦福大学 NickMcKeown 教授为首的研究团队提出了 OpenFlow 的概念，并基于 OpenFlow 技术实现网络的可编程能力，使得网络变得像软件一样可以灵活编程和修改，SDN 概念应运而生。软件定义网络（Software Defined Network，SDN）是对传统网络架构的一次重构，从原来的分布式控制的网络架构重构为集中式控制的网络架构。

引入 SDN 关键技术可以助力电信云网络达到灵活、敏捷、开放、标准的特性。网络设备 NFV 化后，为了提升网络的扩展性与维护性，支撑下一代网络业务的创新，需要 SDN 控制器提供网络端到端自动化的能力，从而支持网络业务的真正云化。电信云利用 SDN 控制器向网络转发层下发网络规则，将业务控制面集中管理开放接口实现全局视角网络资源灵活调度，以满足电信业务对网络敏捷和智能的需求。

SDN 网络架构分为应用层、控制层和转发层。SDN 网络架构图如图 3-4 所示。转发层由软硬件实现，支持可编程接口；控制层由 SDN 控制器实现，集中管理、调度网络资源，向转发层下发转发规则；应用层统一编排业务，面向业务编排网络资源，向控制层下发规则。

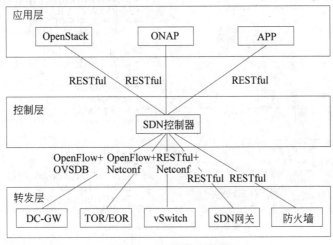

图 3-4　SDN 网络架构图

SDN 控制器北向接口是 RESTful,南向接口为 Netconf/BGP/PCEP/SNMP/CLI 等。SDN 控制器在开源领域主要有 ODL 和 ONOS 两种。ODL 于 2013 年立项,设备厂商主导发起,当前已成为多数厂商的选择。ONOS 于 2014 年成立,由 AT&T 等运营商主导发起,目前架构与 ODL 趋同。

电信云的转发层包括 vSwitch、TOR 交换机和其他网络设备。其中,vSwtich、TOR 交换机是虚拟机的接入设备。vSwtich 通过标准接口 OpenFlow/OVSDB 接收 SDN 控制器管理。TOR、EOR 以及其他网络设备通过 Netconf/BGP/PCEP/SNMP/CLI/BGP 接口接收 SDN 控制器管理。此外,还有软硬件防火墙、负载均衡器以及其他种类的 VNF。

3.3.3 NFV 与 SDN 的联动

传统运营商网络手动配置模式效率低下,考虑到电信云中存在大量的虚拟子网和业务路由,如果电信云内部网络仍采用手工配置模式,则网络无法快速更新以适应新业务 VNF 的部署,导致整体电信业务的部署效率低下。在电信云 VNF 建设中,结合 SDN 技术,使 NFV 与 SDN 协同作用以降低 DCN 网络的手工配置复杂度。

在电信云网络中,通过 SDN+VxLAN 技术,在 VxLAN Underlay 网络已通的基础上,通过加载 SDN 控制器配置文件实现 VxLAN Overlay 网络和业务层网络的自动部署,最终实现网络业务部署的端到端自动化。同时,在 VNF 或网元分布发生变化时,SDN 可以感知 VM 分布,自动地完成网络相关配置的联动,最终实现核心网业务部署的端到端自动化。电信云网络自动配置如图 3-5 所示。

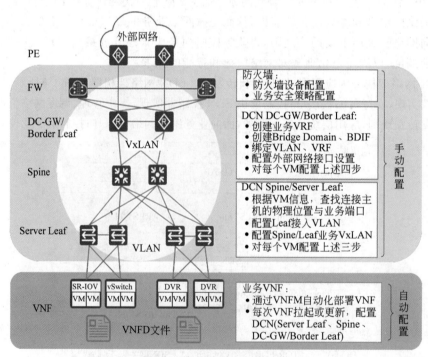

图 3-5　电信云网络自动配置

NFV 和 SDN 协同作用意味着 VNF 部署和虚拟网络配置联动起来,NFVI 能够自动化配置虚拟网络。两者的协同避免了大量人工配置,降低了交付成本,为电信云带来以下优势。

1. 提高业务部署灵活性

当前运营商网络采用的典型组网为 VLAN 加 3 层网关的方式,组网的配置和网络相关,需要预先规划好业务 VLAN,这种方式限制了业务部署的灵活性。电信云网络可以实现业务部署的灵活性,例如数据中心已经部署了 vEPC 业务,网络都已经部署完毕,要扩容一个 vEPC 网元业务或者新部署一个 vIMS 业务,需要重新规划网络 VLAN 并在各网络设备上配置这些新的业务 VLAN,配置复杂容易出错。此时,通过 SDN＋VxLAN 组网可以更好地满足这种灵活性要求。

2. 实现网络部署自动化

VNFM 通过加载 VNFD 实现了 VNF 的自动部署,但与业务互通的网络部分还是需要通过人工配置。引入 SDN 后,从 MANO 进行统一入口配置,SDN 自动化配置逻辑网络,同时将 VNF 部署和逻辑网络配置联动起来。

3. 提升整体运维能力

传统网管仅提供基本的单设备的告警和简单拓扑展示,难以确定业务的实际转发路径,增加了定位问题的难度。引入 SDN 后,控制器提供了逻辑拓扑可视化、业务转发路径质量可视化、IP 连通性探测等端到端的整网运维能力。通过业务监控和转发路径监控的结合进行快速问题定位。

3.4　电信云典型案例

3.4.1　广东电信云管理功能

1. 通过云计算系统更加有效管理全省 IDC(互联网数据中心)机房资源

(1) 广东全省 33 个机房,现有机房管理系统互不连接、各自独立,很难有效地管理全省的机柜、带宽资源,给全省 IDC 统一管理、统一经营带来巨大难度。

(2) 广东电信云计算系统应具备统一的服务 Portal(门户网站),客户、代理商通过门户网站提供的自服务功能完成更高效的运维管理业务,广东电信应大力加强门户建设和推广,使之成为国内最大、最有影响力的 IDC 客户业务服务平台及代理商。

(3) 广东电信云计算系统应具备强大的 BOSS(业务运营支撑)系统,所有资源的开放、关闭、运行、计费、收费能在 BOSS 系统中实现,BOSS 能实现如包月、按时计费、按流量计费等复杂计费形式,确保各种类型业务的实施。

(4) 广东电信云计算 BOSS 系统能和各种已知的监控软件及网络管理软件接口相匹配,更灵活地调度全省资源分配,能为财务、计费、网运等管理部门提供审计和核查的功能。

2. 通过云计算系统更有效控制客户内容

(1) 国内的"黄赌毒"给运营商造成了巨大的负面影响,各种未备案的网站给广东电信 IDC 运营带来隐患。

（2）定制专属广东电信的底层控制软件，该软件和云计算核心系统能做到实时互动，能及时告知云计算核心系统本机运营状态（MEM、CPU、HDDDISK、Network、MAC 地址、IP 地址），便于运维部门第一时间获知故障信息并处理；并且云计算核心系统能随时检验该客户机器的 MAC 地址、IP 地址和 BOSS 系统信息是否一致、是否欠费，对于不一致、欠费的机器，省公司能及时锁定该设备，并采取封闭 IP、暂停业务、告警等措施，防止私自安装，便于财务、计费、运维等部门对机房资产的及时审计、核查。

（3）在云计算 BOSS 系统中设置 MAC 地址、IP 地址对应库，并与通管局的 IP 备案系统联机，客户进场必须安装广东电信专属的底层客户端，该客户端不仅满足广东电信IDC 管理功能，还能帮助客户在自服务系统中直接备案，减少因客户疏忽造成的备案问题。

3.4.2　广东电信私有云

广东电信自身具有大量业务和自用需求，每年自身采购大量的服务器和存储，用来服务于自身的各业务单位和各类型的业务，建立体系内的私有云，共享限制的资源非常重要，需要考虑以下几方面。

1. 计费领域的"云存储""云计算"

1）计费账单的存储和查询

分布式的计费账单存储，能减少电信员工的工作量，提高客户查询的速度，提升客户服务满意度。

2）分布式计费

通过分布式算法，能极大地提高计费处理的效率，缩短计费的周期。

2. 网吧中的游戏"云存储"

（1）游戏行业 IDC 服务商普遍采取服务器租赁方式，尤其是网页游戏，市场生命周期短、前景不可预测、规模无法评估，采取云计算方式最适合，客户可根据游戏的发展租赁云计算能力。

（2）ITV 及视频业务的云计算和云存储。

（3）其他业务：各类实验性业务对服务器、存储的使用，内部 OA、邮箱等系统，可充分利用闲置资源去服务。

广东电信私有云能够充分利用资源，降低企业成本，并起到节能减排的作用，并为广东电信进一步进军本地企业私有云领域提供实验环境。

3.5　电信云发展趋势

随着 5G 时代的到来和边缘业务的兴起，电信云为运营商带来了新的发展机遇。云计算化的架构使运营商有机会摆脱流量管道的身份，探索新的商业模式。但是，更大的机遇也意味着更高的挑战。

3.5.1　CT 云和 IT 云将融合发展

电信网元业务从传统架构演变成电信云架构,极大地解决了运营商提出的软硬件分层解耦、加快业务上线速度、加速业务创新、提升运维效率和降低运营成本的要求。同时,在 IT 领域,例如 BSS、OSS、大数据和 OA 等 IT 支撑应用,运营商已经启动了架构转型,从当初"烟囱式"的业务架构转变成现在的云架构化,通过构建私有云来承载 IT 类业务也成为运营商近年来的主要战略。电信云 CT 业务与 IT 业务融合的趋势越来越明显,形成真正的资源共享和完全的统一协作与管理,实现真正意义上的云网融合,可以给运营商带来如下好处。

首先,带来组织架构的变革,推动效率提升。业务共平台部署打破了部门壁垒,IT 业务和 CT 业务通过人员共平台维护各自应用,有效消除了以前两个部门互不关联的状态。其次,IT 云和 CT 云统一部署,可以打通信息孤岛,整合分散资源,提升资源使用效率。最后,一云两域、分权管理,可以统一管理和监控私有云业务和 NFV 云业务。

由于电信云 CT 业务和 IT 业务对系统要求的差异,要实现 ICT 融合,需要同时满足 IT 和 CT 业务的特征。融合电信云通过新建和改造数据中心,打造 ICT 统一云,能够让电信云 CT 业务和 IT 业务共享云资源,满足多类型的业务特点,实现协同管理。

3.5.2　边缘电信云建设成为关键

随着下一代网络技术的快速发展和边缘业务的快速兴起,越来越多的业务产生了边缘位置部署的需求。核心网网关类业务承载百万级用户量,存在大量带宽需求,例如,UPF(用户平面功能)带宽需求超过 300GB,可将网关等转发类网元下沉至边缘使其分散,实现本地流量汇聚和中转,降低传输网和核心网的流量负荷;新兴的边缘计算类业务除以上需求外,对本地快速处理能力需求较强,如视频加速、车联网等,此类边缘业务将根据业务需求分地域按需部署在地市、区县或以下机房。

这些对承载的边缘电信云提出了更高的灵活性和动态性要求,边缘电信云成为承载高性能云架构化电信网络的关键研究领域之一。

随着边缘业务和边缘电信云成为热点,标准和开源组织针对边缘云的讨论也逐步深入。目前,国际上多个开源组织和标准组织(包括 ONAP、ETSI MEC、OPNFV、OpenStack 等)已针对边缘云进行立项。AT&T 也于 2018 年 2 月联合 Intel 公司和风河(Wind River)公司在 Linux Foundation(Linux 基金会)宣布发起新的针对边缘云的开源项目 Akraino。国内方面,三大运营商在边缘云领域加大研发力度,以推动边缘云发展成熟。三大运营商于 2018 年 4 月在 CCSA(中国通信标准化协会)成立"边缘云关键技术研究"项目,研究边缘云在硬件、容器、加速等关键领域的需求与架构。此外,中国移动已联合 Verizon、Intel、ARM、华为、中兴等数十家企业,在 OPNFV 主导成立 Edge Cloud(边缘云)项目,旨在针对边缘场景,输出边缘云参考架构,推动轻量级、资源异构、远程运维的边缘云架构的快速实现。

国内外主流运营商均以 NFV/SDN 为核心技术,发布了未来网络转型的目标架构。目标架构通常采用两级电信云架构,核心电信云主要承载集中化的业务和网元,以云架构化形态部署在大型数据中心,边缘电信云主要承载需要分散部署、接近网络边缘的业务和网元,可能部署在地市、区县乃至接入机房中,满足业务低时延、高带宽等需求。

核心电信云因为分布比较集中,通常具备统一的体系架构、硬件模型、虚拟层要求、组网方案、存储方案等,整体产业成熟度高。边缘电信云因为靠近用户侧,机房供电、制冷、空间等环境相对恶劣,承载网元类型差异较大,导致边缘电信云在体系架构方面与核心电信云有较大差异,且边缘云内部存在异构场景。

3.5.3 AI(人工智能)使能电信云实现网络自治

随着业务的发展,分布式电信云的规模会不断扩大,高度自动化的运维是必然趋势。在电信云建设时引入 AI,可以为电信网络带来全新的价值即"可预测性"。可预测性是 AI 的核心价值,电信云结合 AI 可以实现基于预测的未来条件来调度网络,实现故障发生前规避故障、质量劣化前优化质量、网络拥塞前调整流量,从而达到网络自治,极大地提升网络的运维和运营效率。

在电信云建设中引入 AI 技术,可以从以下四方面实现网络的自动化运维。

(1) 及时发现资源池潜在风险,并结合策略自动化执行相关操作,实现资源池风险自愈。

(2) 基于告警知识库,通过根因分析(Root Cause Analysis),实现快速精准的跨层告警定位,并结合策略自动进行故障隔离或故障自愈。

(3) 通过对日志、离线数据等信息的大数据分析,实现对异常的预测和提前干预。

(4) 基于机器学习技术,自动构建并持续优化容量趋势模型,实现资源瓶颈的自动化分析,及时为客户提供资源扩容建议等。

在电信云的控制和运维方面,端到端地引入人工智能技术,构建分段自治网络,每一段的自治通过上层运营系统实现端到端的自治维护,进而实现整网自治。在分段网络中,采集电信网络的控制中心和底层设备的接口数据以及各个网元设备的关键信息,然后通过 AI 技术的策略和规则,来实现对整个网络的管理和调度,以及对网络的流量预测、质量预测和故障预测等。

同时,基于 AI 的安全防护体系,可以通过主动防御及安全策略自动化管理,实现电信云网络的分钟级安全策略响应和威胁检测行为等。AI 技术同电信云做深度结合将给最终用户、运营商和设备商都带来巨大价值。

重点小结

(1) 云计算技术的成熟和网络业务的升级驱动电信云发展。但是,伴随着 5G 时代的到来和边缘业务的兴起,当前运营商网络软硬一体化的通信网元和转发控制一体的网络设备,难以满足快速发展的网络业务需求;另外,不断涌现的新型 IT 技术正逐渐渗入到电信行业,虚拟化、云计算、SDN(软件定义网络)/NFV(网络功能虚拟化)等技术可以实现电信业务云化和网络功能灵活调度,为应对网络转型的需求,以 SDN/NFV 等技术为基础的电信云应运而生。

（2）电信云的关键技术包括网络功能虚拟化、软件定义网络（SDN）以及 NFV 与 SDN 的联动。

习题与思考

1. 电信云的主要应用场景有哪些？
2. 电信云的发展趋势是什么？
3. 电信云技术产生的主要背景是什么？

任 务 拓 展

经过多年发展，云计算已经形成较为完整的生态体系，并逐渐切入重点行业。为应对网络转型的需求，电信云应运而生，云技术的成熟和网络业务的升级驱动电信云的发展。

本实验报告总结电信云的发展趋势，了解电信云的关键技术，掌握电信云的主要应用场景以及电信云的典型案例。

学习成果达成与测评

项目名称	认识电信云		学　时	4	学　分	0.2
职业技能等级	中级	职业能力	总结电信云的发展趋势 总结电信云的关键技术 总结电信云的主要应用场景 总结电信云的典型案例		子任务数	4个
序　号	评价内容		评 价 标 准			分数
1	总结电信云的发展趋势		通过查阅相关资料,能够认真总结电信云的发展趋势			
2	总结电信云的关键技术		通过查阅相关资料,熟记电信云的主流关键技术			
3	总结电信云的主要应用场景		通过查阅相关资料,掌握电信云的主流应用场景			
4	总结电信云的典型案例		通过查阅相关资料,掌握电信云的典型案例			
考核评价	项目整体分数(每项评价内容分值为1分)					
	指导教师评语					
备注	奖励: 　1.按照完成质量给予1~10分奖励,额外加分不超过5分。 　2.每超额完成1个任务,额外加3分。 　3.巩固提升任务完成优秀,额外加2分。 惩罚: 　1.完成任务超过规定时间扣2分。 　2.完成任务有缺项每项扣2分。 　3.任务实施报告编写歪曲事实、个人杜撰或有抄袭内容不予评分。					

学习成果实施报告书

题 目					
班 级		姓 名		学 号	

任务实施报告

请简要记述本工作任务学习过程中完成的各项任务,描述任务规划以及实施过程,遇到的重难点以及解决过程,总结电信云学习过程中的相关知识等,字数要求不低于 800 字。

考核评价(按 10 分制)

教师评语:	态度分数	
	工作量分数	

考 评 规 则

工作量考核标准:

1. 任务完成及时。

2. 操作规范。

3. 实施报告书内容真实可靠,条理清晰,文笔流畅,逻辑性强。

4. 没有完成工作量扣 1 分,故意抄袭实施报告扣 5 分。

第4章 新一代网络架构

 知识导读

本章介绍新一代网络架构的发展,旨在让读者对未来网络架构有一个宏观的概念,然后介绍 SDN、ICN、CCN 和 NDN。通过本章的学习,读者将对未来网络架构有初步的认识和了解。

 学习目标

- 认识未来网络的发展方向
- 了解 SDN 及 OpenFlow
- 了解 ICN 及其实现
- 了解 NDN 及其工作模式

 能力目标

- 熟悉未来网络架构的发展方向
- 掌握 SDN 与 OpenStack 的融合方式
- 掌握 ICN 的实现方法
- 掌握 NDN 的工作模式及流程

 相关知识

4.1 概　　述

1. 未来网络研究路线

近年来,随着互联网的快速发展,国内外掀起了未来网络的研究热潮,主要形成了两种研究路线。

(1) 演进式,对现有的 IPv4 核心网络不断完善和改良,最终平滑过渡到以 IPv6 为核心的互联网。

(2) 改革式,重新设计全新的互联网体系架构,替代 IP 核心网络,满足未来互联网的发展需求。

由于现有的 IP"瘦腰"体系架构很难修改,但是为了解决现有的网络问题,新的功能只能在现有架构的顶层"打补丁",这就是典型的"演进式"研究路线。由上述可知,演进式只能解决燃眉之急,很难从根本上解决传统互联网在移动性、安全性及可扩展性等方面的不适应性。而改革式是从体系架构入手,从根本上解决问题。

2. 网络技术发展

伴随着互联网的发展,网络技术也随之发生了翻天覆地的变化。大体上可以分为第一代、第二代和第三代网络技术。

(1) 第一代网络技术:为承载语音业务,建立了专用点对点连接。

(2) 第二代网络技术:为进行数据连接,在分布式控制协议基础上开发了新的 IP 数据网络模型;为支持网络的扩展,无类别域间路由诞生了,减缓了路由表的增长,延长了IPv4 的寿命;迁移到 IPv6,可承担由物联网引发的大规模连接设备数量增长压力。

(3) 第三代网络技术:是软件定义网络(Software Defined Network,SDN)和网络功能虚拟化(Network Functions Virtualization,NFV)物理网络设备的虚拟化和抽象化。SDN 通过将数据包的转发逻辑转移到虚拟集中控制器的一个抽象软件层,带来了一个更加集中的网络架构。NFV 促使网络功能从专有物理网络元素,转变成虚拟机中的虚拟化元素。

3. 网络架构

随着软件定义网络(Software Defined Network,SDN)、信息中心网络(Information Centric Networking,ICN)、内容中心网络(Content Centric Networking,CCN)、命名数据网络(Named Data Networking,NDN)的兴起,新一代的网络架构开始走进了人们的视野。

(1) SDN 是一种新型网络创新架构,其核心技术 OpenFlow 通过将网络设备的控制面与数据面分离开,从而实现了网络流量的灵活控制,使网络作为管道变得更加智能,为核心网络及应用的创新提供了良好的平台。

(2) ICN 是一种全新互联网架构。ICN 可实现内容与位置分离,网络内置缓存等功能,从而更好地满足大规模网络内容分发、移动内容存取、网络流量均衡等需求。

(3) CCN 将信息对象作为构建网络的基础,分离信息的位置信息与内容识别,通过内容名字而不是主机 IP 地址获取数据。这种新的网络架构专注于信息对象、信息属性和用户兴趣,采用"信息共享通信模型",从而实现高效、可靠的信息分发。

(4) NDN 将内容本身看作网络中的主导实体,采取基于内容的架构,颠覆了当前基于主机的网络架构,取代现有的 TCP/IP,开发全新的网络架构,以符合新兴的通信需求。

ICN 已经成为未来互联网架构的有力候选,而作为其主要代表的 NDN 正改变着未来网络的模式。以往在 TCP/IP 中,客户机必须首先确定一个可以提供内容的服务器 IP地址,而 ICN 打破了以主机为中心的模式,使用端到端的连接和基于内容分发架构的唯一命名数据替换了传统方式,能建立一个更加安全、可扩展、灵活的网络,并支持位置透明性、流动性和间歇性的连接。但是,这种全新网络体系结构在理论、技术和应用方面尚有许多问题亟待解决。

本章将分别针对 SDN、ICN、CCN 和 NDN 进行系统讲解,就未来网络体系架构分别进行阐述。

4.2 SDN

SDN 是一种时下热门的网络架构,在这种网络架构中,网络控制与转发解耦,并且网络是可直接编程进行控制的。SDN 中控制权的迁移使得底层构架能够抽象出来,各种应用和网络服务因此能将网络当作一个逻辑或虚拟实体。

通过应用 SDN,除了网络的设计和操作变得简单,网络设备也得到了简化,这些设备不需要理解或处理成千上万的协议,只需要接受 SDN 控制器的指令即可。网络管理员可以实时改变网络的行为,并且在几小时或几天内就可以部署新的应用和网络服务。

4.2.1 SDN 网络架构

传统网络设备紧耦合的构架在 SDN 体系中被拆分成分离的、全可编程和开放的三层架构如图 4-1 所示,分别是应用层、控制层、基础设施层。

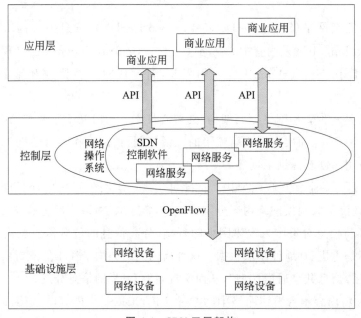

图 4-1 SDN 三层架构

1. SDN 三层架构

(1)应用层为网络的各种应用需求,如移动视频、云存储、企业应用商店、桌面云、物联网、IPv6 等,通过北向接口灵活、可编程地调用控制层提供的统一的网络抽象模型与业务功能。

(2)控制层为整个 SDN 构架的核心,也称为网络操作系统,可集中控制拓扑和设备管理,进行流表的控制和下发。其主要功能包括路由优化、网络虚拟化、质量监控、拓扑管理、设备管理、接口适配等。

(3)基础设施层包括标准化的网络设备和虚拟的网络设备,负责多级流表处理和高性能的数据转发,并作为硬件资源池,为控制层提供所需的网络拓扑、数据处理和数据转发。目前,主流的网络设备和芯片厂商已经提供了支持 OpenFlow 的网络设备。

2. SDN 接口

层与层之间主要通过北向接口、南向接口进行数据传输。

(1) 北向接口因为涉及业务较多,开放的标准化过程还处于研究阶段。

(2) 南向接口定义了控制层(控制器)与数据转发层(基础设施)之间的交互协议。将转发过程抽象为流表,控制器可直接控制流表、屏蔽硬件,从而实现网络虚拟化。

3. SDN 优势

SDN 构架的提出为整个互联网带来了巨大变革,其主要优势体现在以下 4 方面。

(1) 网络的软硬件解耦合接口开放。解耦后的软件可以实现灵活的控制层面功能,满足用户的多元化需求,还可以快速部署网络功能和参数,如路由、安全、策略、流量工程、QoS 等,提升链路利用率。解耦后的硬件专注于转发,不仅可以采用通用 IT 设备,减少设备种类和专用软硬件平台,大幅降低硬件成本,简化运维管理,还可提升转发性能。

(2) 网络虚拟化。通过将转发过程抽象为流表,控制器可直接控制流表、屏蔽硬件,实现网络虚拟化。物理硬件被淡化为资源池,可按需进行灵活分配和相互隔离。

(3) 集中式控制。具有全局全网视野,掌握全网信息(拓扑和网络状态等),可最佳地利用网络带宽等资源,提升网络性能(收敛速度和时延等),确保系统路由和性能的可预测,并提供一些新功能。

(4) 网络简化与集成。允许利用单一平台支持不同的应用、用户和租户,从而简化网络。利用高度统一的物理网络平台及与其他支撑平台联系的单一性,改进网络运行和维护效率。

4.2.2 SDN 控制平台

1. 控制平台功能

SDN 控制平台是一个逻辑上集中的实体,负责执行以下两项功能。

(1) 将应用程序的意图编译或翻译成适当的 SDN 数据平面配置参数和命令。

(2) 将数据平面的事件统计总结汇聚为应用程序的网络视图。

这些功能没有任何硬件级的要求,这样它们就可以只通过软件实现。SDN 控制平台就是由这些软件(控制器软件)组成的。下面介绍 4 个典型的控制平台实现模型。SDN 控制平台可以直接使用或组合使用这些模型,也可以使用其他模型。

2. SDN 平台模型

1) 单点模型

SDN 控制器软件运行在单个结点(如 PC、服务器、虚拟机等)上,如图 4-2(a)所示。然而,单个结点意味着整个网络控制会出现单点故障。因此,单点模型预计不会应用到实际场景中。

2) 主备模型

SDN 控制器软件运行在两个(或多个)不同的结点上,通常不共享任何硬件组件。在此模型下,总是有一个结点参与网络的实际控制,其他结点处于热待机模式,只有当主结点出现故障时才会接管网络控制。SDN 控制平台主备模型如图 4-2(b)所示。

主备模型提供了硬件故障保护,所以在实际应用中是有效的。然而,这个模型仍然限制了系统在垂直方向上的可扩展性(即将软件迁移到更强大的硬件上的能力),因此可能不适用于真正的大规模网络。

3)多点模型

SDN 控制器软件运行在多个结点上,并且每个结点都同时参与网络控制,一个结点通常能够接管另一个结点一部分的负载。在出现故障的时,其余的实例可以共同接管故障实例的网络控制。此外,该模型还可增加 SDN 控制器结点,来接管当前实例的部分负载。由于该模型存在多个活跃的 SDN 控制器结点,它们必须解决或者避免冲突。SDN 控制平台多点模型如图 4-2(c)所示。

4)分层模型

在这种模型中,SDN 控制器软件可以使用分层的方式实现,其中不同的控制器实例具有不同级别的网络控制和网络视图,层次结构可以由多层(图为两层结构)组成,如图 4-2(d)所示。在这个模型中,低层次级别的控制器实例自主控制转发结点网络的某些方面的信息,而只将某些特定变化传达给上层控制器。

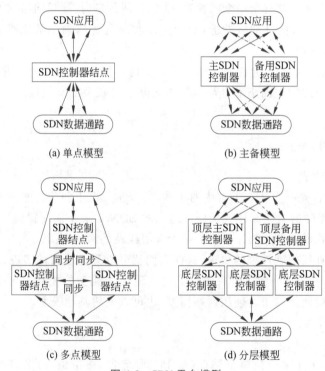

图 4-2 SDN 平台模型

4.2.3 OpenFlow 交换机

OpenFlow 是一个符合 SDN 标准的具体实现方法,最初是作为一种实验网络的部署手段提出的,目前已经成为一种热门技术,受到了广泛的支持和关注。通过 OpenFlow 控制器所提供的应用编程接口,能方便地对网络中的流进行控制和管理。目前,OpenFlow 控制器已经十分多样化,向下都是通过南向接口(Southbound API)与 OpenFlow 交换机进行通信,向上则为控制器应用提供了丰富而抽象的北向接口(Northbound API)。

OpenFlow 交换机负责数据转发功能,主要技术细节由 3 部分组成:流表(Flow Table)、安全信道(Secure Channel)和 OpenFlow 协议。OpenFlow 交换机结构如图 4-3 所示。

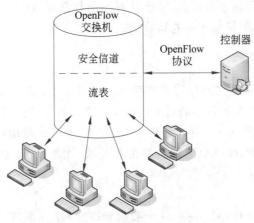

图 4-3　OpenFlow 交换机结构

1. 流表

OpenFlow 交换机的处理单元由流表构成,每个流表由许多流表项组成,流表项则代表转发规则。进入交换机的数据分组通过查询流表来取得对应的操作。

2. 安全信道

安全信道是连接 OpenFlow 交换机和控制器的接口,控制器通过这个接口,按照 OpenFlow 协议规定的格式来配置和管理 OpenFlow 交换机,接收交换机传来的事件信息并发送数据分组等。

3. OpenFlow 协议

随着 OpenFlow 规约的不断更新,VLAN、MPLS 和 IPv6 等协议也逐渐扩展到了 OpenFlow 标准中。OpenFlow 交换机采取流的匹配和转发模式,因此在 OpenFlow 网络中将不再区分路由器和交换机,而是统称为 OpenFlow 交换机。

目前,基于软件实现的 OpenFlow 交换机主要有两个版本,且都部署于 Linux 系统。

(1) 基于用户空间的软件 OpenFlow 交换机操作简单,便于修改,但性能较差。

(2) 基于内核空间的软件 OpenFlow 交换机速度较快,同时提供了虚拟化功能,使得每个虚拟机能够通过多个虚拟网卡传输流量,但实际的修改和操作过程较复杂。

4.2.4　OpenFlow 控制器

控制器是 OpenFlow 网络的核心部分,是整个网络的大脑,网络中所有的控制指令、数据流的转发操作都由它来完成。控制器中组件的好坏直接影响了整个网络的运行效率。

控制器负责控制其所管辖的 OpenFlow 交换机中的流表,包括流表内容的添加、修改及删除等基本操作。操作的具体逻辑由控制器上运行的控制程序制定。网络使用者可以根据具体需求在控制器上编写控制程序,这使得 OpenFlow 网络可以提供丰富的应用,体现了 OpenFlow 网络的灵活性。

在数据流处理的过程中,控制器的控制程序决定了其所在网络中交换机上的流表内容。网络初始运行时,交换机上的流表为空,控制器必须具有全局网络视图,如网络的拓扑结构、网络的当前运行状态等信息,才能针对不同数据流做出正确的决策。因此,控制器的设计是 OpenFlow 网络整体功能和效率的重点之一。

4.2.5　OpenFlow 流表

OpenFlow 的转发策略主要保存在组表和流表中,每个流表中都有很多表项(Flow Entry),这些表项可由外部控制器通过 OpenFlow 协议写入、更新和删除。随着近几年的发展,OpenFlow 协议已经从 1.0 版本更新至 1.5 版本,本书针对相对成熟的 OpenFlow 1.3 进行讲解。在该版本中,每一个流表项都由匹配域、优先级、计数器、指令、超时机制及 Cookie 组成。

1. 匹配域

匹配域用于进行流的匹配,包括 13 个必须支持的域:入端口、以太网源地址、目的地址、类型、IP 协议号、IPv4 源地址、目的地址、IPv6 源地址、目的地址、TCP 源地址、目的地址、UDP 源地址、目的地址。每一个域包含一个确定的值或者任意值。

2. 优先级

优先级用于在流匹配到多个表项时的选择策略,这里优先级最高的被优先匹配。

3. 计数器

计数器用于维护每个流表、每个流、每个队列等的统计数据,如活动表项、包查找次数、分组匹配次数、发送分组数、接收字节数等。

4. 指令

指令执行于匹配到的分组,每个表项包括一系列指令,这些指令可能会直接对分组进行改变,也可能改变行动集,或者管道处理。

5. 超时机制

超时机制用于交换机对于超时表项的自动删除,从而提高交换机的空间利用率,包括硬超时和软超时。

6. Cookie

Cookie 是由控制器选择的不透明数据值,用于控制器过滤流表统计数据、流表修改和流表删除。

在最初的设计中,OpenFlow 交换机只包含一个流表,后来为了增加检索的速度和提高资源的利用率,设计了现在的流水线式的多表结构。每个 OpenFlow 交换机的流水线包含多个流表,每个流表包含多个流表项。OpenFlow 交换机需要具有至少一个流表,并可以有更多的可选择的流表。只有一个单一的流表的 OpenFlow 交换机是有效的,而且在这种情况下可以大大简化流水线处理流程。

OpenFlow 交换机的流表是按顺序编号的,从 0 开始。根据流表进行处理时,可将数据分组与流表中的流表项进行匹配,进而选择流表项。如果匹配到了流表项,那么该流表项的指令集被执行时,这些指令可能明确指导数据分组传递到另一个流表,之后同样的处理被重复执行。表项只能指导数据分组到大于自己表号的流表,换句话说,流水线处理只能前进,不能后退。显然,流水线的最后一个表项可以不包括 GOTO 指令。如果匹配的流表项并没有指导数据分组到另一个流表,流水线处理将停止在该表中。当流水线处理停止时,数据分组被与之相关的行动集处理并通常被转发,匹配的具体过程如图 4-4 所示。

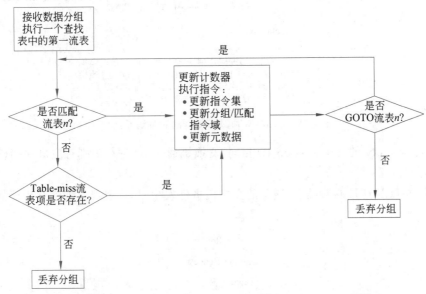

图 4-4 数据分组匹配流程

4.2.6 OpenFlow 协议

1. 消息类型

OpenFlow 协议是在 OpenFlow 交换机和外部控制器之间交互信息的标准,也是 OpenFlow 交换机和控制器之间的接口标准。OpenFlow 协议支持 3 种类型的消息: Controller-to-Switch 消息、Asynchronous 消息和 Symmetric 消息。每种消息类型分别对应多种事件,具体如图 4-5 所示。

(1) Controller-to-Switch 消息:由控制器发起,直接管理和监视交换机状态,可能需要交换机做出响应。

(2) Asynchronous 消息:由交换机发起,用于更新交换机的状态和控制器的网络事件。

(3) Symmetric 消息:可由控制器和交换机任一方发起。

常用的消息主要是 Hello 消息、Feature 消息、Echo 消息、Packet-in、Packet-out 和 Flow_mod 等。其中,Hello、Feature、Echo 消息分别包含 request 与 reply 消息,每一个消

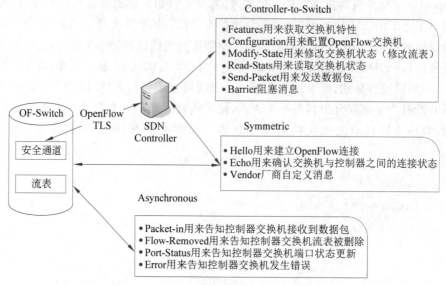

图 4-5　OpenFlow 协议所支持的三种消息类型

息 request 与 reply 的 Transaction ID 相同,交换机通过 ID 进行识别对应事件端口。

2. 交互步骤

在建立 TCP 连接的基础上,通常的交换机事件发生时,主要经过的交互步骤如图 4-6
所示。

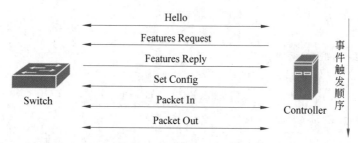

图 4-6　OpenFlow 协议的交换机与控制器交互步骤

(1) 控制器与 OpenFlow 交换机之间相互发送 Hello 消息,用于协商双方的 OpenFlow
版本号。在双方支持的最高版本号不一致的情况下,协商的结果将以较低的 OpenFlow
版本为准。如果双方协商不一致,还会产生 Error 消息。

(2) 控制器向 OpenFlow 交换机发送 Features Request 消息,请求 OpenFlow 交换机
上传自己的详细参数。OpenFlow 交换机收到请求后,向控制器发送 Features Reply 消
息,详细汇报自身参数,包括交换机的 ID、支持的 buffer 数目、端口信息、流表数以及
Actions 等。

(3) 控制器通过 Set Config 消息下发配置参数,用来配置交换机发送的数据包。

(4) 控制器与 OpenFlow 交换机之间发送 Packet Out、Packet In 消息,通过 Packet_out
中内置的 LLDP 包,进行网络拓扑的探测。当流表中没有关于新到达流的数据包或者即
使有关于新到达流的流规则但其行为是发往控制器时,交换机向控制器发送 Packet In 消

息。Packet Out 消息是控制器指定的某个数据包的处理方法。

4.2.7 SDN 与 OpenStack 融合

在 OpenStack 云平台数据中心网络中采用 SDN 架构,其核心思想是用控制器对网络运营模式实现统一管控。现有云数据中心网络的模式均为单一结点控制,该模式下的 SDN 对于租户是不可见的。

本书提出了在兼容 OpenStack 现有网络模式的前提下,增加 SDN,对每个计算结点添加了 br-sdn 网桥,SDN 的数据均由该网桥发出,多租户虚拟化网络的定制和管理机制,实现了租户自有控制器对虚拟网络的灵活控制。系统架构如图 4-7 所示,主要由 4 个模块组成,分别为云数据中心物理网络与虚拟网络映射模块、控制器管理模块、通信模块及前端 GUI 界面。

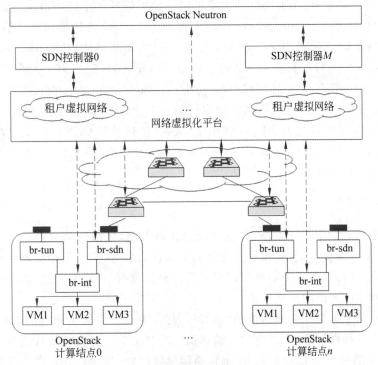

图 4-7　系统架构

(1) 云数据中心物理网络与虚拟网络映射模块的主要网络虚拟化工具由 OpenVirteX(OVX) 实现,租户可以根据自己的需要进行自定义虚拟网络的创建,各租户虚拟网络之间实现了隔离性能。

(2) 控制器模块实现与租户虚拟网络的一一对应,本书选取 Ryu 控制器作为租户虚拟网路的 SDN 控制器,控制器集成于租户特定虚拟机中,由控制器镜像制作而成。

(3) 通信模块主要实现 OpenStack Neutron 模块与 OVX 和控制器之间的通信,基于 RabbitMQ 实现了 Neutron 侧指令的下发,以及 OVX 与控制器操作结果的反馈。

(4) GUI 界面主要实现了租户的自定义操作,包括物理网络的显示、虚拟网络的创建、控制器虚拟机的创建、链路带宽时延的显示,以及链路的切换操作。

4.3 ICN

ICN 打破了 TCP/IP 以主机为中心的连接模式,变成了以信息或内容为中心的模式。通过 ICN,数据将与物理位置相独立,ICN 中的任何结点都可以作为内容生产者生成内容。目前,ICN 技术并没有明确的定义,但对于 ICN 的研究有共同目标:提供更高效的网络架构以促使内容分发到用户,提高网络的安全性,解决网络大规模可扩展性,并简化分布式应用的创建。

ICN 的思想最早是在 1979 年由 Nelson 提出来的,后来被 Baccala 强化。1999 年,美国斯坦福大学提出了 TRIAD(Translating Relaying Internet Architecture Integrating Active Directories)项目。TRIAD 的主要思想是采用信息名字路由分组到最近副本,避免了域名系统(Domain Name System,DNS)过程。2006 年,美国加州大学伯克利分校和网络计算机科学研究院提出了一种面向数据的网络体系结构(Data-Oriented Network Architecture,DONA),在安全和一致性上改进了 TRIAD。2008 年,欧洲 4WARD 提出了一项新的信息网络工程信息网络(Network of Information,NetInf),提出了信息中心网络,对信息进行了分类,通过不同类型定义信息名字,同时给出了两种名称解析方式。2009 年,Park 研究中心的 Jacobson 提出了 CCN,并开展了 CCNx 项目。NDN 是基于 CCN 思想的工程项目,2010 年成为 NSF 未来网络结构计划资助的 4 个工程之一。目前,ICN 已经引起了广泛关注,成为研究热点。

4.3.1 ICN 简介

ICN 是以信息为中心的网络,信息可以是任何类型,包括网页应用、静态内容、用户生成内容、实时媒体流,以及交互更为复杂的多媒体通信等,而信息中心网络就是这些信息片段的聚合。因此,信息中心网络的重点是信息的散布、查找和传递,而不是目标主机的可连接性和主机之间的对话维护。

ICN 采用信息名称作为网络传输的标识,因此,IP 地址失去了原有的作用,部分情况下仅能够作为一种底层的、本地化的传输标识。此时全新的网络协议栈能够实现网络层解析信息名称、路由缓存信息数据、多播传递信息等功能,从而较好地解决计算机网络中存在的扩展性、实时性及动态性等问题。

传统体系结构的通信模式是主机之间的通信,通信路径由源主机地址和目的主机地址来获得。然而 ICN 采用主机到网络的通信模式,通过信息名字获取源主机到网络信息的通信路径。IP 网络体系结构的传输模式是"推"模式,由服务器主导传输过程,无论是否感兴趣,服务器都可能推送消息到用户的手机上;ICN 则采用"拉"模式,用户实时向网络发送请求信息,由于该信息可能已经被缓存在网络上,网络可以把信息迅速回应给用户。在信息中心网络中,对内容发起请求的用户并不知道是哪个主机为其提供的内容,信息中心网络的通信建立过程就是请求内容的匹配过程,这不同于传统的 IP 架构的网络,后者的通信建立在内容提供方的发现过程之上。与传统网络相比,ICN 更加高效,更加安全,也更支持移动客户端。

4.3.2 ICN 关键技术

要构建信息中心网络体系结构,实现以信息名字为路由标识传输数据,解决在新需求下高效快速的传输问题,关键是解决信息命名、名称解析、路由转发、信息分发和信息缓存技术等问题。

1. 信息命名分类

现有的命名技术可分为扁平化命名、层次化命名及基于属性值对命名 3 种方式。

1) 扁平化命名

扁平化命名指信息命名不具有层次性,采用唯一标识码定义信息。DONA、发布订阅网络路由模式(The Publish-Subscribe Internet Routing Paradigm,PSIRP)和 NetInf 采用了扁平命名方法进行内容命名。其格式是 P:L,其中,P 是信息管理实体的公钥的散列值,L 是信息的散列值。信息内容可以唯一标识一条信息,增加 P 主要是为了保证信息名字的自我验证性。P:L 不具有信息之间的层次关系,是一种典型的扁平化命名。

2) 层次化命名

层次化命名指信息按照一种层次关系命名,CCN 和 TRIAD 均采取层次化命名。这种命名是自由形态的层级,是可读的字符串序列,便于理解和记忆,加密算法变化时名字可以保持不变。这种命名方式与 Web URL 相似,并且是可聚合的,因此能够方便地与 URL 相匹配,这意味着在当前网络环境上进行部署较为容易。

3) 属性值对命名

与 CCN、DONA 不同,基于广播和内容的组合网络(Combined Broadcast and Content-Based Network,CBCB)采用属性值对(Attribute Value Pairs,AVP)来命名内容。用户通过 AVP 的合取和析取来表示其索要的内容,因此 ICN 结点可以通过对比广播的 AVP 与内容源来定位合适的内容,这样能提高网络内部的搜索和利用效率。不过这种方式也存在 AVP 不唯一、语义含糊、数量过大等问题。

在已有研究中,信息命名备受关注。例如,CCN 采用 URL 作为信息名,DONA 采用 P:L 作为信息名,INS 采用 AVPs 对作为信息名。这些命名方法都还不能很好地满足可聚合性、持久性、自我验证性和全局唯一性。

2. 信息命名性质

在 ICN 中,信息命名技术非常重要。信息名字是信息的唯一标识。从用户请求、路由到传输,所有的阶段都需要信息名字。信息名字贯穿于整个通信过程,若能设置合适的信息名字,则能提高整个通信的效率,降低转发信息库表项,提高 ICN 的安全性。因此,要求信息命名满足 4 类性质,即可聚合性、持久性、自我验证性和全局唯一性。

(1) 可聚合性是指信息名字可实现聚合。在 ICN 中,信息是不断增长的、海量的,若信息名字不能聚合,路由表膨胀速度将远远超过 IP 网络,导致 ICN 可扩展能力更差。可聚合性要求信息名字具有层次性,可大大缩小路由表项数,保证其可扩展性。

(2) 持久性是指无论信息更换宿主,还是信息所在宿主发生移动,信息名字始终一致,不因信息的移动而发生改变。持久性要求信息名字具有扁平性,因此可聚合性和持久性是矛盾的,合理地整合两者之间的矛盾是信息命名的重要研究内容。

（3）自我验证性是指信息名字本身具有安全验证功能,通过与其他数据的计算,可验证信息是否完整、真实,从而更快速、简洁地实现信息的安全性验证。在 ICN 中,安全性是直接针对信息本身的,对比于 IP 网络而言,安全性的验证更加具备合理性。而信息名字的自我验证性更增强了 ICN 安全性的力度。

（4）全局唯一性是命名的最基本的性质,是指信息名字是信息的唯一标识,一条信息具有一个信息名字,一个信息名字定义一条信息。与 IP 地址一样,信息名字是 ICN 传输和寻址的标志,若出现不唯一的情况,必然造成网络冲突和混乱。

3. 信息名称解析

在 ICN 中,信息名字必须解析到信息位置,从而实现对信息的路由,因此仍然存在解析技术。ICN 名称解析借鉴了 DNS 的特点,简化了 DNS 的处理流程,合并了解析和路由过程,在解析的同时路由数据,减少了解析路径的故障导致的通信失败,从而保证了 ICN 更可靠的传输。例如,CCN 将 URL 与接口绑定,在路由的同时解析 URL,直到最后一跳路由器获取到数据所在的位置信息,而这时分组也完成了路由过程。

将解析和路由合二为一后,虽然网络具有了更好的传输性能,但是也增加了路由器的存储负载和处理负载。为了按照信息名字路由和解析数据位置,路由器中将缓存基于信息名字的路由表。

4. 路由转发分类

ICN 路由目前采用两种方式,即无结构路由和结构路由。

1）无结构路由

无结构路由类似于 IP 路由,采用无结构来维护路由表,因此其路由公告主要通过洪泛攻击进行。CCN 采用了这种路由结构,与 IP 路由存在继承关系,因此与 IP 网络的兼容性较高,也就意味着 CCN 将易于在当前 IP 网络基础上进行部署。CCN 用内容标识取代了网络前缀,因此对于 IP 路由协议和系统的修改不会太大。CCN 在路由时采用了可聚合的分层内容标识。需要注意的是,内容复制和移动的激增将导致聚合程度降低,控制通信的开支将增大。

2）结构路由

结构路由有树状结构和分布式散列表（Distributed Hash Table,DHT）两种形式。DONA 采用了树状路由机制,其路由器组成了一棵分层树,每个路由器都维护着其子路由器所发布的所有内容的路由信息。当一份内容文件发布、复制或删除时,变更公告将通过该分层树进行传播,直到遇到相匹配的路由入口。根路由器将维护整个网络所有内容的路由信息。DONA 的内容命名是非聚合的,其可扩展问题将会比较突出。PSIRP 采用了分布式散列表路由机制。散列表由随机的、统一的路由器布局构成,通常能比树状结构维持更长的路径,这将便于提取网络拓扑结构信息。需要注意的是,结构化路由的扁平性给路由器带来了对等的、规模的路由负担。这两种结构路由形式相比较而言,树状路由结构在传输性能方面具有优势,而分布式散列表路由结构在可扩展性和弹性方面具有优势。

5. 路由转发优点

路由转发技术是 ICN 中的一项重要技术。ICN 的路由转发技术具有以下两大优点。

1）基于信息名字路由

ICN 从用户的实际需求出发,按照用户的请求内容定义路由标识。目前,网络用户请求的大部分内容为信息,因此信息名字成为 ICN 的路由标识。采用信息名字作为路由标识,对于用户而言,不需要再关注网络拓扑,按照需求向网络请求数据,网络将按照 FIB 中路由标识回应数据。

2）路由转发结合了缓存技术

缓存技术是 ICN 的另一突破。ICN 增加了路径内缓存,可缓存经过该结点的所有或者部分的信息数据。路由过程中,缓存可作为信息源直接回应数据,不需要路由到原始数据源获取数据。缓存的加入使 ICN 缩短了传输路径,提高了网络的传输效率。

6. 信息分发

在 ICN 中,当多台主机同时需求相同的信息时,路由器会合并需求分组,通过一些处理方式保证信息可返回给多个需求端。数据分组则根据需求路径返回,由于需求端是多个,返回时的信息分发方式类似于信息多播。由于分发源可能为一个或者多个,信息多播可分为单源多播和多源多播。

单源多播如 CCN、DONA 等采用最近副本或者最优副本下载信息,路由表创建时计算最优路径转发请求分组。采用最近的信息源下载数据,信息源既可能是原始源,也可能是缓存源。单源分发方式可以采用最近的缓存源分发数据,IP 网络多播只能从原始源中下载数据,因此 ICN 中单源信息多播的传输效率比 IP 网络高。在 ICN 方案中,CCN 采用分区信息表(Partition Information Table,PIT)存储请求分组的轨迹,当相应的数据分组返回时,PIT 中对应轨迹项被删除,从而保证 PIT 可以不断更新。DONA 路由器的处理方式与 CCN 不相同,DONA 采用 RH 结构解析并路由分组,在 RH 中存储路由信息(如信息名字、下一跳 RH、到信息副本的距离、反向路径等),信息分组根据反向路径返回信息。

多源多播分发技术就是利用多个源同时为多个用户分发数据。多源多播分发技术类似于网络层 P2P 技术,必须结合网络拓扑、网络性能和服务器性能等参数,设计优化的分发算法,保证多源分发达到最优的分发效率。若算法不合理,可能造成分发效率不如单源分发技术。

7. 信息缓存

ICN 在中间结点采用了信息缓存技术,信息缓存是 ICN 体系结构的基础特性之一。ICN 中信息意识能够直接通过网络层识别而不再仅凭借应用层获取。

在 On-Path 存储方式中,中间路由器收到本地缓存资源数据请求时,不需要再次调用名称解析系统,而是直接传输数据。然而,这种数据传输方式的成功命中通常是有一定概率的,在最坏的情况下信息请求需要经过长时间转发才能够遇到信息发布者。

而在 Off-Path 存储方式中,缓存则需要将它们的信息注册到名称解析系统,从而与对应的数据请求相对应,这样缓存实际上变成了新的信息发布者,在最大程度上增加了信息请求响应的效率,从而实时动态地获取数据。

4.3.3　ICN 主流框架

近几年,国内外涌现了很多 ICN 研究机构与成果,很多已经有较为完善的工程项目。这些项目的共性是内容共享,在命名、路由等具体的实现上有很大的差别。

1. CCN

ICN 研究领域中最为突出的就是 CCN。CCN 主要有两种数据分组,即内容请求分组和数据传输分组,分别用来请求内容与传输数据。采用分层命名的方法标识内容,类似于网站的 URL。例如 en/com/college/pic/a.gif,前面层次为全网标识,中间为内容类型,后面为内容的名字,这样做的好处在于层次清晰且容易识别。CCN 结点承担着数据分组的存储、转发和路由任务。CCN 结点一般包含内容存储器表(Content Store,CS)、待定请求表(Pending Interest Table,PIT)和前向转发表(Forwarding Information Base,FIB)3 个表。

(1) CS 表用于记录路由器缓存的内容,可以用于本地内容查找。

(2) PIT 用于记录经过的请求信息,在内容传回后,PIT 删除该信息,一般存放的是当前流行的请求信息。

(3) FIB 表作为最后的措施可以将请求的内容发送到目的服务器。

CCN 的转发过程也是通过这 3 个表来实现的,在接收到请求数据分组之后,首先匹配内容缓存,如果在本地保存内容副本则直接发送回请求端,否则查找 PIT。然后,若在 PIT 中查询到 PIT 有过相同的请求,则将请求信息保存,待请求数据返回时,按照请求的信息,将数据发送给请求端,这样也可以减少数据的传送。最后,如果都没有查到,则 FIB 会指示该请求发送到内容的源端。但是 CCN 在路由时采用洪泛方式的无结构路由,也就是在路由过程中会出现指数放大的情况,大大增加了其控制通信的开销。

2. DONA

面向数据网络架构(DONA)是由美国伯克利大学根据内容服务需要所设计的网络架构。DONA 的主要思想是通过命名系统和名称解析协议的重新设计,替换现存的 DNS,提高数据与服务的安全性与持久性。

DONA 采用扁平命令方法对内容进行命名,其格式为 P:L(P 是内容发布者的公钥密码,L 则作为内容的标签),命名虽然不容易理解,但是却具有较好的稳定性和唯一性,DONA 的核心部分是注册解析器(RH),RH 在系统中同时有 DNS 解析、路由和缓存 3 种功能。当服务器源端有内容时会向 RH 注册内容信息,当内容失效时也会向 RH 请求内容信息注销。内容请求者会向 RH 发送内容查找分组查找内容,若在 RH 上保存有内容的缓存,则直接将内容返回给内容请求者,否则向前路由直到获得内容,路由拓扑采用树状结构。RH 可以对内容进行审查与验证,可以在很大程度上提高网络内容的安全性。DONA 最为突出的贡献就是统一了对数据安全性的验证,但是由于网络上的私有内容无法验证,以及网络统一管理数据安全性验证带来的开销,其实用性仍有待检验。

3. NetInf

信息网络(NetInf)由欧盟 FP7 资助的 4WARD 项目的开展时间与 PSIRP 项目接近。

它主要的思想是实现信息与位置相分离,从而达到以内容为中心的目的。NetInf 的研究内容包括信息建模、名称解析、路由、存储、搜索等。源发布信息通过名称解析服务(Name Resolution Service,NRS)注册 Information/Location 标识内容所在地。名称解析是 NetInf 中比较重要的一个模块,该模块负责将信息的标识符转换成地址,之后才能进行数据分组的路由。NetInf 独立于具体的传输层协议,可以以覆盖网络的方式部署在现有的网络基础结构上,也可以与其他新的传输技术相结合(如 Generic Path),构成一个全新的网络架构。

4. PSIRP

发布订阅网络路由模式(Publish-Subscribe Internet Routing Paradigm,PSIRP)是芬兰赫尔辛基科技大学和赫尔辛基信息技术研究院等的研究项目。PSIRP 采用扁平化命名的方式命名内容。PSIRP 分为两个层次,将内容信息控制层面与数据转发层面分离,达到解耦的目的。PSIRP 主要的结构有主机结点、汇聚结点和路由结点。主机通过发布与订阅原子操作来发布和获取内容。信息的发布通过汇聚标识与范围标识指明汇聚点与网络有效范围。信息的获取通过向汇聚点发送订阅信息来实现,汇聚点根据订阅信息与请求信息匹配,生成路径转发信息(用 FID 标识)给内容请求结点,请求结点按照 FID 转发找到内容并返回,同时将数据沿途保存。

5. CONET

随着 CCN 的发展,逐渐发现了如下一些问题。

(1) CCN 需要改变基础的网络操作。

(2) CCN 面临着扩展方面的问题,如网络内容的名字会比网络主机的地址多很多。

(3) CCN 还面临着如何有效支持与内容获取无关的其他通信模型,如社交网络的即时通信。

为了解决这些问题并同时保持 CCN 的优势,CONET 得以被提出。CONET 是一种根据 CCN 模型提出的架构,建立在现有 TCP/IP 协议栈之上。

CONET 的另外一个设计出发点在于试图解决不同网络之间的互联问题,这些网络中有的可能是二层网络,有的可能是三层网络。除了 CCN 原有的革新式以及覆盖层式的部署方法,CONET 还提出了第 3 种方法:将 IP 层的 IP 选项部分进行扩展,让 IP 对内容也可以兼容,这是一种继承的方法。在 CONET 中,数据和服务接入点(SAP)均可以命名,在命名之后,前者称为命名数据,后者称为命名 SAP,都可以用一个网络标识符(NID)来标识。默认情况下,网络标识符可以作为任播地址。

4.3.4　基于 SDN 的 ICN 实现

目前已经有一些研究机构和学者对 ICN 结合 SDN 的方案进行了研究,在这些方案中,它们的网络基础架构为 SDN/OpenFlow 架构,同时都试图在 SDN 上完成 ICN 的核心功能。它们所基于的 ICN 模型在架构上是有本质区别的,因此在这些方案的具体细节上,包括网络框架、传输方案、网络结点设计等,明显有着各自的特点。同时,由于这些实现方案侧重点不同,它们在不同部分的实现程度也有较大的不同。

1. CONET 方案

在这些方案中比较好的是基于 SDN 的 CONET 方案,该方案源自于 CONET 架构。该架构按照 SDN 的方式,将网络结构进行了解耦。解耦后的架构由两个不同的平面组成,具体如图 4-8 所示。

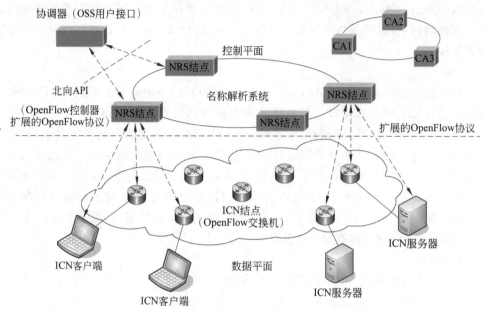

图 4-8　基于 OpenFlow 的信息中心网络

1) 数据平面

数据平面包括 ICN 服务器、ICN 客户端和 ICN 结点。

2) 控制平面

控制平面包括由 NRS 结点组成的名称解析系统、一个安全体系架构(PKI)和协调器结点。

这两个平面通过扩展的 OpenFlow 接口进行通信。NRS 结点(也作为 OpenFlow 控制器)通过这种扩展的 OpenFlow 接口控制一个或多个 ICN 结点。在该架构中,由 NRS 来完成根据名称路由的控制(NRS 由一系列 OpenFlow 控制器组成)。

2. 可行性方案

按照实现的可能性,可以从两种角度考虑基于 SDN 的 CONET 方案:长期方案和短期方案。

1) 长期方案

对于数据分组封装来说,长期方案将 ICN 信息写入与 IP 头部相邻的、与传输层相关信息的区域,与 IPSec 类似。长期方案需要重新定义路由、内容、标签、安全等相关操作。

2) 短期方案

在短期方案中,为了更好地与 OpenFlow 1.0 设备结合,定义了不同的数据分组的格式。这些方案可能会破坏现有的某些协议的字段。

4.4 CCN 与 NDN

CCN 是 ICN 的研究热点之一,是 ICN 的主要架构之一。而 NDN 则继承了 CCN 的主要思想,是基于 CCN 思想的工程项目,是 CCN 思想的延续。目前,NDN 在命名、路由、传输控制、安全、应用等方面不断细化和修整 CCN,确保了 CCN 更合理可行。

4.4.1 CCN 简介

CCN 建立的目的是开发一个适应当前通信特点的新型互联网体系架构。CCN 不再对数据所在的地址命名,而是直接对数据本身命名,被命名的数据已经成为 CCN 最为关键的网络实体。CCN 不再关注终端设备的安全性,而是直接关注命名内容的安全,让数据传输机制从根本上实现可自由扩展。CCN 项目研究的主要技术挑战是如何全方位地建立新的架构,使之可以承载未来的网络需求,成为一个真正可以长期运行的网络架构。CCN 希望从基础理论、信任机制、路由可扩展性、网络安全、内容保护和私密性等方面得到全方位的验证。CCN 项目现在已经建立了一个 IP 网络之上的覆盖网,采用端到端来部署、仿真和评估网络架构,并且推出了技术标准和原型系统以实现 CCN 的协议和应用。

NDN 继承了 CCN 的主要思想,是基于 CCN 思想的工程项目。下面对 NDN 做详细介绍。

4.4.2 NDN 网络架构

经过 50 多年的发展,互联网的用途从计算资源共享转变为内容创作、分发与传递,传统的客户机/服务器模型没有足够的机制来支持安全的内容导向功能。NDN 项目是在 2010 年以美国加州大学的张丽霞教授团队为首展开的。

NDN 架构的思想是将通信范式的重点从关注于"Where"(地址、服务器、主机)转变到"What"(通信的内容),通过对数据命名代替位置(IP 地址),将数据转变成网络的第一要素。在安全方面,当前互联网关注于保护两个通信点间的信道或者路径安全,而 NDN 则关注于保护内容安全及提供必要的上下文安全。

NDN 保留了 IP 网络的沙漏架构,采用 7 层协议,并且底层完全相同,下层协议都是为了适配底层物理链路和通信而设计的,上层协议则为对应相关的应用而设计。NDN 和 IP 网络的主要区别在于中间层,IP 网络的核心是 IP 协议,而 NDN 的核心是内容块协议。NDN 的基本功能包括请求者驱动的数据传递、内置的数据安全及网络缓存。请求者驱动的数据传送可通过设置数据分组转发状态实现,再加上网络缓存功能,使得 NDN 支持数据多播传递与内容分发,从而实现了均衡数据流的拥塞控制、多路径查询数据及便于移动和延迟容忍通信。

NDN 直接对数据分组进行加密保护,加密是端到端的,对网络层是基本透明的,由应用程序或者库处理,不像 TCP/IP 那样依赖于对传输端点和传输管道的保护,路由安全性得到了显著提高。其安全性具体表现如下。

（1）所有的数据分组包括路由消息都需要签名，可防止被他人伪造或篡改。

（2）多路径路由减轻了前缀劫持，因为路由器可以检测由前缀造成的异常劫持并尝试其他路径来检索数据。

（3）NDN 的消息只能与相关应答数据交互，并不一定发送到主机上，这就使得恶意的数据分组很难转发到一个特定的目标，这种机制实现了数据安全与网络传输的分离，降低了实现和管理难度，灵活性强，更加直接和方便，而且以数据为核心使得网络核心更接近应用需求，使网络应用开发变得简单，信息处理效率也得到了有效提高。

4.4.3　NDN 数据分组类型

不同于当前基于 IP 的网络架构，在 NDN 中只存在兴趣分组（Interest Packet）和数据分组（Data Packet）这两种分组类型，如图 4-9 所示。

图 4-9　NDN 架构中的数据分组类型

兴趣分组是 NDN 环境中的数据请求分组，兴趣分组的字段以二进制 XML 形式封装。兴趣分组的默认生存周期为 4s。当兴趣分组超过生存周期而丢弃时，由网络应用程序决定其处理方式：使用超时重传或不予处理。兴趣分组中的 Nonce 字段为兴趣分组的随机数，每一个兴趣分组都携带一个随机数。当某个 NDN 结点接收到多个请求相同内容的兴趣分组时，可以通过 Nonce 字段进行比较，从而判定是否为之前已经收到的重复兴趣分组，如果 Nonce 字段相同，认为是重复兴趣分组，该结点会将之丢弃，从而避免数据分组传输成环。

数据分组是数据回复分组，封装了兴趣分组所请求的内容，数据分组中包含内容名称、内容发布者的签名（摘要算法、证明等），以及一些有关的签名信息（发布者 ID、密钥定位器、有效时间等）与数据。

用户发送兴趣分组作为对内容的请求，内容名称作为最重要的信息包含在兴趣分组内；内容提供者收到兴趣分组后做出回应，先把被请求的内容、内容名称及内容提供者自身的信息封装成数据分组，然后送回给数据请求者。例如，用户为了获取名字为"/ch/edu/bupt/news/message.mpg"的内容，需要把该名字封装到兴趣分组中并发送出去，一旦兴趣分组到达了正确的内容发布者，相应的数据分组就被送回。因此，在 NDN 中，通信是由接收数据的终端（数据请求者）发起的。

NDN 中的安全机制是基于数据本身的，直接对数据本身进行签名处理，这样可以确保消息本身的完整性和不可抵赖性等。在实际部署中，可以根据实际通信场景的实际需求选择不同的数字签名。但是通用情况下，总是希望在保证同等安全性的条件下，使签名效率最大化。在 NDN 中，数据分组在数据源处生成，数据分组在转发过程中会被多次认证,因此认证效率是值得考虑的部分。

签名信息中包括消息发布者公钥的摘要、时间标签和消息类型,公钥摘要用于获得相关密钥和内容鉴权,而时间标签作为确定时间失效的依据,在一定程度上可以抵抗重放攻击。从签名信息中可以获得一些辅助信息,比如发布者 ID 或密钥定位获得消息发布者的公钥,这些信息可以用来认证消息发布者身份的真实性。

4.4.4 NDN 命名机制

NDN 中对数据分组的定位是基于数据分组的唯一名字,与所处的物理位置无关。这个名字可看作一系列的二进制符号,对于网络中的用户是可见的,对于路由结点而言不具有任何解释性意义,只作为内容分组的标识,在数据请求转发时比对匹配使用。

NDN 采用分层结构的命名机制,类似于 URL 的层次化命名。NDN 在执行数据查询时,按照名称最长前缀匹配的原则进行。这种命名机制与 IP 地址相比,具有命名空间无界性,解决了地址或标识空间紧缺问题。然而,NDN 并不是一个搜索引擎,用户首先要从以往经验、朋友、家人,或者以猜测的方式等获得应用、数据的名字,然后才能通过 NDN 获取相应的数据。

相比于扁平的命名机制,层次化命名机制具有以下优势。

(1) 有利于应用程序清晰地表示内容之间的关系。

(2) 有利于控制路由表的规模。

(3) 能够给予应用程序充分的自由。

(4) 有利于内容的安全性验证。内容中心网络应用级联签名方式来验证签名的有效性。

层次化命名机制的劣势则是,在名字查询时需要遵守最长前缀匹配规则。相比扁平名字的精确匹配,最长前缀匹配需要更多的查询时间,对限速名字查找提出了挑战。

4.4.5 NDN 结点结构

NDN 中包括路由器和端结点两种结点。结点内部结构包含 3 部分,即 CS、PIT、FIB,如图 4-10 所示。

1. CS

CS 用于存储近期被路由器转发的某些常用的数据内容,采用<名字,数据指针>的格式存储。"名字"为请求的数据对外发布的名字;"数据指针"指向实际存储教据的物理内存位置。CS 表可以理解为路由器上的内容索引表。

CS 形式上相当于路由器的缓冲,缓存数据以备将来使用。两者主要的不同点就是:传统的 IP 网络在点对点之间采用数据流的形式进行数据传输,中间结点只单纯地进行数据流转发,数据分组被转发后当即失效,因而缓存区的数据不能被重复使用;而 NDN 路由器中的缓存数据可以重复使用,因为这些数据是通过命名标识的,而 NDN 中数据的命名具有稳定性。缓存机制的目的是缩短数据获取延迟、平衡网络负载。在 NDN 中,如果用户在结点的缓存中找到了相匹配的数据分组,就可以将数据封装成数据分组按原路径返回。缓存技术的使用可以极大地缩短内容的响应时间。

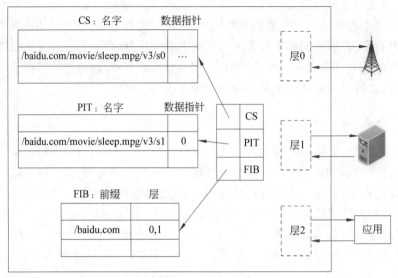

图 4-10　NDN 结点模型

由于 NDN 的缓存机制,静态文件数据可以达到近乎最优的传输效果。即便是动态内容,在多播或分组丢失重传的情况下也能从就近的 NDN 结点中获得相应的内容,达到很好的数据传输效果。

对命名数据的缓存可能会产生隐私泄露问题。传统 IP 网络并不能有效地保护数据的隐私,人们可以通过 IP 数据分组的报头和负载获得原 IP 地址、目的 IP 地址,可以获知哪个请求者向谁请求了什么数据。在 NDN 网络环境中,NDN 结点只知道某个请求者请求了某个数据,却并不能确定请求者具体的地址和身份信息。因此,NDN 架构通过这种方式同样能够提供有效的数据隐私保护。

2. PIT

PIT 的作用是将已发送的数据请求存储下来,它维护着经由该结点转发的兴趣分组信息,以保障当数据分组到达时能够正确地按原路径转发给请求者。

PIT 中存储那些已经被路由器转发但还没有收到数据响应的,有特殊需求的兴趣分组的状态信息,以类似<名字前缀,端口列表,其他属性>的格式存储。其中,"名字前缀"是内容的名字聚合后的路由前缀,"端口列表"记录请求相同内容的兴趣分组的接收端口。当 NDN 结点接收到相应的数据分组后,会根据 ContentName 和接口号按原路径将消息转发给下游的网络结点或用户。PIT 支持兴趣分组请求聚合,即来自 NDN 结点不同接口的相同内容的请求会在 PIT 中进行合并,且只有第一个到达的兴趣分组才会被转发至上游接口。

每个路由器中的 PIT 状态包含以下功能。

(1) 多播功能。

(2) 消除协议依赖,避免网络崩溃。

(3) 缓解 DDoS 攻击。

3. FIB

FIB 的作用是将请求数据分组发往目的端。FIB 与传统 IP 网络架构中路由结点中的路由表最为相似。通过查询 FIB,结点可以获知兴趣分组将从哪个或哪些接口转发出去。

与传统的 IP 网络架构不同,NDN 结点不再宣告 IP 前缀(IP 网络号),而是宣告内容名称前缀,以此来告知其所能提供的服务内容。这种宣告通过路由协议在网络中进行传播。各个网络结点会根据这些内容名称的宣告来构建自己的 FIB。OSPF、BGP 等传统网络的路由协议能够兼容这种内容名称前缀的路由方式。

FIB 中以<名字前缀,端口列表>的形式存储条目,NDN 结点会根据 FIB 中的条目与 ContentName 字段做最长前缀匹配。对于某个内容名称或内容名称前缀,可能有多个接口指向,即 NDN 结点支持从多个接口源获得内容数据,并支持并行查询。FIB 的条目信息可以手动配置,也可以根据命名的路由协议实现动态更新。

4.4.6 NDN 转发机制

NDN 路由器对兴趣分组和数据分组实行不同的转发机制。NDN 中的中间结点收到兴趣分组时,根据优先级顺序依次检索 CS、PIT、FIB,根据检索结果做出相应选择。若 CS 中存在匹配的数据分组,则返回数据分组给请求者;若没有,则检查 PIT,如果 PIT 中存有该兴趣分组的条目,则将对应的请求接口记录到该条目中;若没有,则检查 FIB,如果 FIB 中存有记录该兴趣分组的条目,则根据转发接口将兴趣分组转发出去,并为该兴趣分组创建新的 PIT 条目;若没有,则丢弃该兴趣分组。每个兴趣分组都有生命期,当兴趣分组到期后,对应的 PIT 条目就会被删除。兴趣分组转发流程如图 4-11 所示。

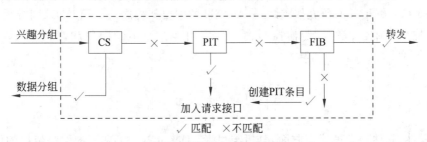

图 4-11 兴趣分组转发流程

NDN 中的中间结点收到数据分组时,根据名字标识来检索 PIT,若在 PIT 中没有对应的条目,则将数据分组丢弃;若在 PIT 中找到相匹配的条目,则根据条目中记录的请求接口转发该数据分组,并删除该数据分组对应兴趣分组的 PIT 条目,同时将数据分组缓存在 CS 中。数据分组转发流程如图 4-12 所示。

在 NDN 中,兴趣分组和数据分组均在路由器中缓存一段时间(分别缓存在 PIT 和 CS 中)。当多个相同的兴趣分组到达中间结点时,则需要记录这些请求接口,存储在 PIT 中,只转发第一个请求到数据源处(这里将存储数据分组副本的结点也认为是数据源)。一旦找到匹配的数据分组副本,则数据分组沿着与兴趣分组相同的路径原路返回。由于路由结点的缓存性能,请求分组不一定要到达数据源发布者才能获得数据,而是在每一跳

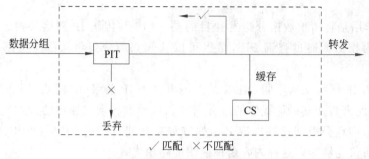

数据分组　　　　　　　　　　　　　　　　　　　转发

PIT

缓存

×

丢弃

CS

√ 匹配　× 不匹配

图 4-12　数据分组转发流程

都有可能获得匹配的数据,实现了就近获取。此外,NDN 具有非常灵活的路由策略,可以实现多路径转发,路由过程具有自适应性,并可同时支持各种路由协议。

重 点 小 结

(1) SDN 是一种新型网络创新架构,其核心技术 OpenFlow 通过将网络设备的控制面与数据面分离开,从而实现了网络流量的灵活控制,使网络作为管道变得更加智能,为核心网络及应用的创新提供了良好的平台。

(2) OpenFlow 是一个符合 SDN 标准的具体实现方法,通过 OpenFlow 控制器所提供的应用编程接口,能方便地对网络中的流进行控制和管理。

(3) ICN 是一种全新互联网架构。ICN 可实现内容与位置分离、网络内置缓存等功能,从而更好地满足大规模网络内容分发、移动内容存取、网络流量均衡等需求。

(4) CCN 是 ICN 的研究热点之一,是 ICN 的主要架构之一。而 NDN 则继承了 CCN 的主要思想,在命名、路由、传输控制、安全、应用等方面不断细化和修整 CCN,确保了 CCN 更合理可行。

习题与思考

从硬件、软件与实现等多方面,分析与思考 SDN、ICN、NDN 三种网络架构的优缺点。

任 务 拓 展

基于本章未来网络架构的介绍,结合网络搜索,列举更多的未来网络架构,并详细介绍。

学习成果达成与测评

项目名称	新一代网络架构		学　时	8	学　分	0.5
职业技能等级	中级	职业能力	网络架构分析与实现		子任务数	4个
序　号	评 价 内 容		评 价 标 准			分数
1	SDN		能准确画出 SDN 体系的三层架构图,并能说明每一部分的功能			
2	SDN 与 OpenStack 融合		能对 SDN 与 OpenStack 融合的系统架构进行分析,并描述			
3	ICN		熟悉 ICN 关键技术,并能列举出 3 种 ICN 主流框架			
4	NDN		掌握 NDN 网络架构的结点结构和转发机制			
考核评价	项目整体分数(每项评价内容分值为 1 分)					
	指导教师评语					
备注	奖励: 　1. 按照完成质量给予 1~10 分奖励,额外加分不超过 5 分。 　2. 每超额完成 1 个任务,额外加 3 分。 　3. 巩固提升任务完成优秀,额外加 2 分。 惩罚: 　1. 完成任务超过规定时间扣 2 分。 　2. 完成任务有缺项每项扣 2 分。 　3. 任务实施报告编写歪曲事实、个人杜撰或有抄袭内容不予评分。					

学习成果实施报告书

题　目					
班　级		姓　名		学　号	

<table>
<tr><td colspan="2" align="center">任务实施报告</td></tr>
<tr><td colspan="2">　　请简要记述本工作任务学习过程中完成的各项任务,描述任务规划以及实施过程,遇到的重难点以及解决过程等,字数要求不低于 800 字。

</td></tr>
<tr><td colspan="2" align="center">考核评价(按 10 分制)</td></tr>
<tr><td rowspan="2">教师评语:</td><td>态度分数</td></tr>
<tr><td>工作量分数</td></tr>
</table>

考 评 规 则

工作量考核标准:

1. 任务完成及时。
2. 操作规范。
3. 实施报告书内容真实可靠,条理清晰,文笔流畅,逻辑性强。
4. 没有完成工作量扣 1 分,故意抄袭实施报告扣 5 分。

第5章 叠加网络技术

 知识导读

叠加演进式的技术路线并不改变现有 IP 网络的体系架构,而是采用协议增强或者网络功能增强技术解决现有问题。叠加网络通过增加额外的、间接的、虚拟的层来改善下层网络中的一些固有属性。本章将对最有代表性的叠加网络技术进行分析,包括对等网络、内容分发网络、大二层网络等,讨论叠加网络的层间博弈等研究热点问题,并提供应用前景以及典型案例分析。

 学习目标

- 了解 P2P 技术
- 了解 CDN 技术
- 熟悉多数据中心大二层网络技术
- 熟悉叠加网络的层间博弈与协作
- 了解叠加网络的应用方向

 **能力目标**

- 熟悉 CDN 的缓存机制和调度机制
- 掌握大二层网络方案和软件定义跨数据中心网络方案
- 掌握叠加网络的生成和路由

相关知识

5.1 叠加网络概述

对于如何向未来互联网(Future Internet)发展,目前存在两种技术路线,即革命式(Clean-Slate)的技术路线和演进式(Evolutionary)的技术路线。革命式的技术路线不考虑与现有 Internet 的兼容性,旨在设计全新的或者说从零开始的网络架构。然而,这种技术路线的可行性还存在较大的争论,一是如何更换现已广泛部署的网络基础设施和协议,这绝不仅是技术范畴,还涉及网络运营商(Infrastructure/Internet Service Provider,ISP)以及工业界和商业界的各方利益;二是如何保证新设计的网络可以适应未来 10~20 年的业务需求,即如何保证新协议和框架的可持续发展。

演进式的技术路线则并不改变现有 IP 网络的体系架构,而是采用协议增强或者网络功能增强技术解决现有问题。本章研究的叠加网络(或称为覆盖网络、重叠网络、层叠网络,Overlay Networks)是演进路线的关键技术之一,且其目标是通过演进的方式实现革命式的改变。从广义上讲,叠加网络是一种构造网络的方法,与特定技术、特定层次无关,是建立在一个或者多个已存在的基础网络(或称为底层网络,Native/Underlay Networks)之上的网络,通过增加额外的、间接的、虚拟的层来改善下层网络部分领域中的一些属性,叠加网络中的一跳对应于基础网络中的若干跳。本章研究的叠加网络特指以 IP 协议互联的网络为基础网络,在网络层之上由一系列高层路由设备或终端主机(统称叠加结点)构成的逻辑(虚拟)网络。

叠加网络突破了 IP 网络的功能性限制,代表应用包括用于路由叠加网(Routing Overlay Network)的弹性叠加网(Resilient Overlay Networks,RON),用于文件分享的对等网络(Peer-to-Peer,P2P),用于数据发布缓存的内容分发网络(Content Distribution Network,CDN),用于应用层多播的终端系统多播(End System Multicast,ESM)技术,用于数据转发的 I3(Internet Indirection Infrastructure)系统以及各种业务组合网络等。

十几年来,虽然国内外学者在叠加网络的研究上取得了很多进展,然而时至今日,叠加网络在根本的结构革新方面依然步履蹒跚,这包括两方面的主要原因:①叠加网络往往设置在小规模的网络上用于解决特定问题,缺乏整体性;②很多叠加网络在应用层独立于 IP 网络设计实现,难以超越现有互联网的固有限制。此外,大多数的研究关注于特定叠加网络的可用性和自身性能,如网络延迟(如图 5-1 所示的 Overlay Ⅱ)、可用带宽(如图 5-1 所示的 Overlay Ⅰ)、抖动、分组丢失率等。直到最近几年,研究人员才开始从整体上关注它对基础网络和周边网络流量的影响,对以 RON 为代表的路由叠加网络的基础性研究则相对更为薄弱且不成体系。路由叠加网络与基础网络的层次化映射如图 5-1 所

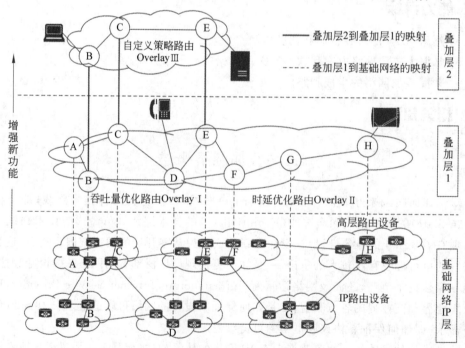

图 5-1　叠加网络与基础网络的层次化映射

示,叠加层结点为高层路由设备或者旁路主机统一抽象为单机功能;叠加层平层之间结点重叠时,代表位置共处而处理功能不同。

5.2 P2P 技 术

传统的互联网应用模式是基于客户机/服务器的。在这种应用模式下,网络边缘的个人计算机处于客户机的地位,不具备服务器的功能。随着个人计算机数目的增加,服务器的负载过重,难以满足客户机的服务请求;同时,个人计算机的性能不断增强,已经具备小型服务器的能力,但在传统的应用模式下只能处于客户机地位,导致可用资源的闲置。这些空闲资源的潜力是巨大的,假设个人计算机数目为 1 亿台,每台个人计算机只要提供 10MB 的空闲存储空间,用于存储的总空闲资源就能达到 1000TB。一方面,处在网络中心的服务器不堪重负;另一方面,网络边缘却存在大量的空闲资源,网络负载极不平衡。网络带宽的增长使得个人计算机之间具备了直接通信的能力,用户也希望能够不通过服务器就直接进行资源的共享和交换。

鉴于上述原因,互联网系统的计算模式正在从客户机/服务器模式向 P2P 模式转变。对等网络的核心思想是,所有参与系统的结点(指互联网上的某个计算机)处于完全对等的地位,没有客户机和服务器之分。也可以说,每个结点既是客户机,也是服务器;既向别人提供服务,也享受来自别人的服务。在对等网络系统中,资源是分布在各个对等结点上的,而不是保存在集中的服务器上的。

对等网络是互联网思想的产物,在精神、哲学层面具有非常重大的意义,体现了共同的参与、透明的开放、平等的分享。基于 P2P 技术的应用有很多,包括文件分享、即时通信、协同处理、流媒体通信等。这种新的传播技术打破了传统的 C/S 架构,逐步地实现了去中心化、扁平化。对等网络文件分享的应用(如 eMule 等)是对等网络技术最集中的体现,对等网络文件分享网络的发展大致有以下几个阶段:包含 Tracker 服务器的网络、无任何服务器的纯分布式散列表(Distributed Hash Table,DHT)网络、混合型对等网络。

DHT 是一种分布式存储方法,每一份资源都由一组关键字进行标识。系统对其中的每一个关键字进行散列,根据散列的结果决定此关键字对应的那条信息(即资源索引中的一项)由哪个用户负责存储。用户搜索时,用同样的算法计算每个关键字的散列,从而获得该关键字对应的信息存储位置,并迅速定位资源。这样也可以有效地避免因"中央集权式"的服务器(如 Tracker)的单一故障带来的整个网络瘫痪。实现 DHT 的技术算法有很多种,常用的有 Chord、Pastry 等。其中,通过结点值获取每个结点与下一个邻近结点之间的距离,从而获得每个结点所需负责的值区间,此过程类似于建立路由表的机制。

对等网络应用模式与传统应用模式相比,优势在于:第一,P2P 利用空闲资源降低了资源共享的开销;第二,P2P 极小化或不需集中控制,提高了共享资源结点的自治性和系统的稳健性;第三,P2P 可以分散资源,平衡网络负载。

在过去的几年中,P2P 系统规模不断扩大,应用不断增长。高效的资源管理机制成为 P2P 系统的关键技术。如何减少搜索成本,降低定位延迟,并对基于内容查询、安全有效的 P2P 系统提供支持,是当前 P2P 研究领域的重要课题。P2P 系统的资源管理机制分为物理传输层、P2P 叠加层、文件管理层及检索模型 4 部分。P2P 叠加层负责 P2P 协议的构建和优化;文件管理层负责管理数据仓库,按照关键字集合对文件进行有效分类,同时提供文件到 P2P 叠加层的合理映射;检索模型负责文本的插入和删除操作,并负责计算文本之间的相似性。

5.2.1　现代 P2P 的特点

现代 P2P 的特点如下。

(1)非中心化:网络中的资源和服务分散在所有结点上,信息的传输和服务的实现都直接在结点之间进行,不需要中间环节和服务器的介入,避免了可能的瓶颈。P2P 的非中心化基本特点,带来了其在可扩展性、稳健性等方面的优势。

(2)可扩展性:在 P2P 网络中,随着用户的加入,不仅服务的要求增加了,系统整体的资源和服务能力也在同步扩充,始终能较容易地满足用户的需要。整个体系是全分布的,不存在瓶颈,理论上可以认为其可扩展性是无限的。

(3)稳健性:P2P 架构天生具有耐攻击、高容错的优点。由于服务是分散在各个结点之间提供的,部分结点或网络遭到破坏对其他部分的影响很小。P2P 一般在部分结点失效时能够自动调整整体拓扑,保持其他结点的连通性。P2P 通常都是以自组织的方式建立起来的,并允许结点自由地加入和离开。P2P 还能够根据网络带宽、结点数、负载等的变化不断地做自适应调整。

(4)高性价比:性能优势是被广泛关注的一个重要原因。随着硬件技术的发展,个人计算机的计算能力和存储能力以及网络带宽等性能依照摩尔定律高速增长。采用 P2P 架构可以有效地利用互联网中散布的大量普通结点,将计算任务或存储资料分布到所有结点上。利用其中闲置的计算能力或存储空间,达到高性能计算和海量存储的目的。通过利用网络中的大量空闲资源,可以用更低的成本提供更高的计算和存储能力。

(5)隐私保护:在对等网络中,由于信息的传输分散在各结点之间进行,无须经过某个集中环节,用户的隐私信息被窃听和泄露的可能性大大缩小。此外,目前解决隐私问题时主要采用中继转发的技术方法,从而将通信的参与者隐藏在众多的网络实体之中。在传统的一些匿名通信系统中,实现这一机制依赖于某些中继服务器结点。而在对等网络中,所有参与者都可以提供中继转发的功能,因而大大提高了匿名通信的灵活性和可靠性,能够为对等网络提供更好的隐私保护。

(6)负载均衡:对等网络环境下,由于每个结点既是服务器又是客户机,与传统结构相比,减少了对服务器计算能力、存储能力的要求,而且其资源分布在多个结点,更好地实现了整个网络的负载均衡。

5.2.2　DHT 算法存在的问题

DHT 技术的出现很大程度上解决的原有系统在可扩展性、单点失效等问题上的缺陷,但同时也带来了一些问题。

1. 路由性能问题

现有的 DHT 算法在路由时基本没有考虑实际网络拓扑和结点资源(宽带、存储空间和处理能力)的不同,使用结点的逻辑跳衡量路由性能,而真正有效的衡量是端到端延迟。一个结点的单个逻辑跳可能跨越多个自治域,导致高延迟的路由,Pastry 和 Tapestry 虽然在这方面做了一些工作,但还远不能解决问题。其中,Chord 和 CAN 目前还完全没有考虑网络物理拓扑信息,这样一来,尽管 Chord 只维护轻量级的叠加网络协议,但每次逻辑路由转发都可能造成在 Internet 上的路由具有较长的物理距离。CAN 的每个结点测量相对于 Landmark 结点的网络延迟,得到结点在 Internet 上的相对位置信息,从而构造"意识"到物理拓扑的叠加网络。Tapestry 和 Pastry 通过测量结点对之间度量值的大小得到粗粒度物理拓扑信息,并且在路由表中包括物理邻居结点信息。仿真结果表明,有效利用物理拓扑信息对提高系统性能非常有用,如这两个系统中的平均消息移动距离是实际低层物理网络距离的较小常数因子倍数;但是,与 Chord 相比,需要较为昂贵的叠加维护信息。此外,基于邻近信息的路由会降低系统的负载平衡能力,而且由于位置属性的复杂性、动态性和非均匀拓扑等原因,还不清楚位置属性在实际网络中会产生什么程度的影响。

2. 安全问题

目前所有的 DHT 算法都假设所有的结点可信任,这一假设在一个开放的网络中显然不成立。然而,系统必须能够在有恶意结点加入的情况下运行。恶意结点对 DHT 的攻击分为两类:一类是使系统给应用返回错误数据,解决的办法是通过密码技术保证数据的真实性,这些技术允许系统检测并忽略错误数据;另一类是破坏系统的数据搜索功能,这可能导致系统瘫痪。一般有以下几种攻击方式。

1)查询路由攻击

恶意结点可以把查找请求递交给错误结点或不存在的结点,从而达到攻击目的。检测此攻击可以通过检测查找是否在向"接近"关键字标识符的结点递交检测攻击,检测出来以后,查询者可以通过向最后正常"一跳"发出请求要求重新路由。该思想的关键是要让查询者能够执行该检查,因此对查询者而言,查询过程中的每一跳都必须对查询者可见,让查询者对递交过程进行证实。

2)路由状态攻击

由于查找系统中的每个结点通过和其他结点通信构造本地路由表,恶意结点可以通过给其他结点发送错误的路由修改信息使路由状态不一致,进而造成结点递交查询给错误的结点或不存在的结点。解决该问题需要系统知道正确的路由修改有哪些要求,然后对这种修改的正确性进行证实,包括对远程结点可到达的证实。例如,Pastry 修改要求每个表的入口具有正确前缀。错误的修改很容易被识别并被丢弃。

3. 多关键字复杂查询问题

由于现有 DHT 算法采用了分布式散列函数,只适用于准确查找,如果要支持目前 Web 上搜索引擎具有的多关键字查找的功能,还要引入新的方法。

一个思路是利用现有的基于 DHT 的分布式查询协议(如 CAN、Chord 等),针对不同关键字建立 Keyword 服务器,由多个 Keyword 服务器组成一个叠加网络。用户输入待查关键字,并通过散列运算映射到对应的 Keyword 服务器,通过多个关键字对应的不同的 Keyword 服务器之间的协同完成查询。当文件插入系统时,按照一定的规则抽取关键字,每个关键字都发送到负责该关键字的服务器。当客户需要对多个关键字 k1、k2、k3 进行查询时,系统首先向负责 k1 的关键字服务器 s1 发出请求,s1 响应查询请求,把查询结果发给负责 k2 的服务器 s2,s2 进行本地查询并和 s1 的查询结果进行关系运算,再把结果发给负责 k3 的服务器 s3,s3 进行和 s2 同样的操作,得到最终结果并返回给客户。

实现该算法的关键问题有两个:一是如何协调不同的 Keyword 服务器,通过最少的网络传输实现多关键字查询;二是如何合理分布关键字并减少数据的传输。可以考虑如何在一个 Keyword 服务器上保存多个可能会被同时查询的关键字,尽可能在本地完成查询。

5.2.3 P2P 的流量识别

P2P 覆盖网络作为一种典型的分布式系统,日益受到人们的重视。P2P 应用遍及文件共享、流媒体、即时通信等多个领域,其所产生的流量占据了互联网流量的 60% 以上,针对 P2P 流量的测量和分析是对等网络研究人员所关心的热点话题。为了更好地管理和控制 P2P 流量,有必要对 P2P 流量识别模型进行深入的研究。

从目前应用的发展来看,应用层负载加密已经是大势所趋,未来的 P2P 流量识别技术只能依赖传输层以下的分组头信息。因此,KARAGIANNIS 等提出了基于传输层行为的 P2P 流量识别方法 PTP,该算法只需要少量的传输层分组头信息就可以准确识别 99% 的 P2P 流、90% 的 P2P 字节。

TCP/UDP 启发式识别中,如果一个 IP 对之间同时使用 TCP 和 UDP,那么这对 IP 之间除了基于知名端口的非 P2P 流量,其他流量都视为 P2P 流量。{IP Port} 启发式识别中,如果某 {IP Port} 所连的不同 IP 数和不同端口数之差小于特定门限值,则认为该 {IP Port} 是属于 P2P 应用的,那么包含该 {IP Port} 的所有流量都被视为 P2P 流量。

由于 Mail 启发式等过滤规则都是用于防止非 P2P 应用的流量被误识别为 P2P 应用的,而大多数非 P2P 应用的服务器都是使用知名端口向用户主机提供数据服务的,可以用基于非 P2P 知名端口的过滤机制来替代 PTP 算法中 Mail 启发式等过滤规则。这种基于端口的过滤方法不依赖于单个 IP 对应单台主机这一假设,因此完全可以应用于国内的 NAT 网络环境中。

PTP 算法虽然对于仅包含单个分组的失败连接进行了过滤,但仍有大量的失败连接存在。虽然可以正确识别大部分 P2P 字节,但存在大量的 P2P 流被漏判为非 P2P 流。经过分析后发现,这些被漏判的 P2P 流通常具有一定汇聚性(即具有相同的源 IP 或目的 IP),而且其中绝大部分是只包含少量字节的短流。由此可见,这些被误判的短流通常都是由于反复试探而造成的失败连接。这些失败连接的存在会造成 {IP Port} 启发式识别的失效。参考美国卡内基-梅隆大学 Collins 等的策略,在对特定的 {IP Port} 进行分析时仅对有效数据流进行计数,而有效数据流的判定条件为

$$\sum_{\forall p_i \in f} \text{length}(p_i) > 2$$

其中，f 表示流，p 表示流 f 中的分组，即流中所有分组长之和必须大于 2KB。分析发现，存在对包含大量数据的长流的误判。通过进一步分析发现，被误判的长流通常是被动 FTP 的数据流。ERMAN 等指出，P2P 数据流和 FTP 数据流的本质差别在于 FTP 数据流，通常是单向数据传输（在一条 TCP 连接中，一个方向上是数据流，而另一个方向上是纯应答流），而 P2P 数据流是双向数据传输（在同一 TCP 连接的两个方向上都包含数据流）。由此，基于反向流的 FTP 过滤机制可以描述如下：在 M2 方法所识别的 P2P 流中，对于任何满足上式的有效数据流 f，如果它的反向流 f 是一条仅包含 ACK 分组的纯应答流，则判断流 f 及其反向流 f 都是 FTP 流。使用基于反向流的 FTP 过滤机制之后，非 P2P 字节的正确识别率大大提高，而且相关的 P2P 识别率并未下降。由此可以看出，该过滤机制能够有效区分 FTP 数据流和 P2P 数据流。

5.3　CDN 技 术

研究和部署 CDN 是为了缩短用户与内容服务器之间的距离，缓减网络拥塞。内容分发网络的基本原理是在互联网接入点部署内容服务器结点，在这些结点之间形成覆盖网络。内容服务器结点负责缓存用户频繁访问且感兴趣的数据，接收用户的请求并向用户发送数据。为了使内容服务器与提出请求的用户结点之间的距离最近，CDN 采用重定向机制，大大提高了网络的访问速度，减少了网络的整体流量，缓解了拥塞程度。例如，当 Web 用户单击一个内容分发服务的 URL 时，内容分发网络实时地根据网络流量和各结点的连接、负载状况，以及到用户的距离和响应的时间等信息，将用户的请求重定向到离用户最近的内容服务器。此外，CDN 还采取多点备份的机制提高可靠性。

5.3.1　CDN 的文件分发机制

1. Push 分发机制

基于静态 Push 的内容分发机制的主要特点是：把用户服务请求调度到有内容且最接近用户的结点。业务流程如下。

（1）用户通过 EPG 上 CDN 的地址后，向 CDN 发起某个结点的服务请求。

（2）CDN 根据用户请求，查询内容在 CDN 的分布情况，进行重定向，向用户返回 CDN 中有内容且最接近用户的结点地址；用户终端根据得到的重定向地址，向该结点服务器发起服务请求；该服务器为用户提供服务。

（3）CDN 会定时查看各个内容的访问情况，当发现内容达到预设的热度阈值时，中心结点就主动将内容 Push 到下级指定结点。

从上述分发流程来分析，CDN 每一级都能作为服务结点，架构复杂，网络扩展性差。CDN 内部处理机制也相对较为复杂，CDN 需要了解全网 CDN 内容的分布，才能正确地把用户调度到有内容的服务器上，而且 Push 的主动下发需要对内容热度有完全的统计信息，而现有的 CDN 的内容 Push 大部分并不是基于对内容热度的统计，而是预先设置的全网下推，因此边缘结点内容存储效率低。

2. Pull 分发机制

基于动态 Pull 的 CDN 分发机制的主要特点是：边缘一开始未存储任何内容，根据就近原则、负载分担或者结点健康状态等调度策略将用户服务请求调度到合适的边缘结点，由边缘结点向上级实时 Pull 内容，且同时给用户提供服务，如果其上级也没有，则逐级向上下拉。CDN 各结点根据内容访问情况进行智能缓存。从基于 Pull 的 CDN 分发流程来分析，CDN 只有边缘服务结点直接面向用户提供服务，上级结点只提供内容的实时分发，实现了内容分发和媒体服务分离，架构灵活，可扩展性好。而且 CDN 内部的处理机制也比较简单，在全局用户调度上不需要考虑内容的分布情况。

3. Push＋Pull 混合分发机制

从上述分析来看，Pull 和 Push 这两种分发机制各有优缺点，新一代 CDN 结合了它们的优势，采用 Push＋Pull 混合分发机制，即首先利用 Push 机制对 EPG 首页或者新片上映这种高热度的内容进行预推，后续则使用 Pull 机制进行智能分发，既不占用忙时资源，提升了用户体验，又提高了边缘结点的内容缓存效率，增强了 CDN 的灵活性和可扩展性。

5.3.2　CDN 的缓存机制

视频业务的特点是占用带宽大，实时性强，容易受到网络波动影响。CDN 的主要特点就是提供就近服务，所以可以有效地提升视频服务质量，保障用户享受高质量的服务。

根据 YouTube 视频统计，在所有的用户请求中，有超过一半的用户只观看了节目 $1\sim3$min 的内容，有超过 25％的用户观看一段时间后退出了播放。根据某省的 IPTV 用户的行为统计数据来看，看完整个节目内容的用户请求不超过 50％，其中 32％的用户只观看了节目 10％的内容。这些数据都说明了节目内容各部分的访问热度是不同的，传统的整个文件的缓存方式已不能满足现有的个性化的点播行为的需求。

新一代的 CDN 引入了基于分片的智能缓存技术，CDN 需要对各个分片进行热度统计，基于热度进行分级缓存，内容库存储所有的内容，缓存和服务结点则采用缓存替换算法，根据内容分片的热度进行计算，将内容智能缓存在相应结点。视频业务是高 I/O 业务，写磁盘需要消耗大量磁盘 I/O，容易导致设备性能下降，所以没有达到一定热度的内容不需要在本地存储中缓存下来。这种基于分片的智能缓存机制能够有效地提高 CDN 存储率，只需要存储最热的内容分片即可满足大部分用户的访问请求。

另外，通过具有相同特征的内容相互吸引，将缓存中不同特征内容的数量差异放大，使缓存内容表现出明显稳定的内容特征，从而在缓存资源有限的情况下提高缓存内容的内容名前缀聚合程度，方便通过内容特征抽象减少路由通告的信息量，同时通过相关内容的生存时间相互增强，使缓存中具有主要内容特征的内容更不容易被丢弃，降低缓存内容的更新频率，避免造成过大的网络开销，以提高网络的路由扩展能力，基本原理如下。

通过相关内容的相互吸引，使结点的主要内容特征更加突出和一致，并排斥具有次要内容特征的内容在结点上的缓存，算法基于本地缓存，通过结点已缓存内容对其他内容的吸引作用影响目标内容的缓存。在缓存过程中，具有某一种特征的目标内容基于相关内容特点而更容易被结点缓存，新增缓存内容将增大其后到达该结点的相同特征目标内容被缓存的概率,形成良性循环。随着缓存的进行,结点的内容特征逐渐突出,形成主要内容特征。另外,其他特征内容在缓存中所占的比例逐渐减小,吸引作用也越来越弱,继而其在缓存中所占比例进一步减小。通过这种方式,结点的主要内容特征逐渐增强,其他内容特征逐渐被削弱,形成结点的内容分布特征。随着各个结点自身特征内容对相关内容的吸引,形成了各个结点的突出内容特征,如图 5-2 所示。

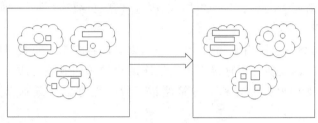

图 5-2　相关内容吸引效果

缓存中相关内容之间的相互吸引能使结点的主要内容特征更加稳定,这主要通过缓存内容丢弃策略体现出来。在已有的缓存算法中,缓存中的内容是否被替换和丢弃,完全是由该内容被访问情况决定的,这种方式是造成缓存更新频繁的重要原因。通过缓存中相关内容的相互吸引进行缓存聚集,具有主要内容特征的内容更不容易被丢弃。具有主要内容特征的内容占据缓存内容的绝大多数,因此这种方式能够大幅降低缓存更新频率。同时,为了保证结点的缓存利用率,本书将缓存中相关内容之间的相互吸引通过相关内容的生存时间相互增强的形式表现出来,并将生存时间作为缓存替换和丢弃的唯一衡量指标,保证足够的缓存更新,如图 5-3 所示。

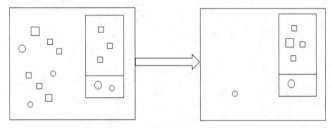

图 5-3　缓存的主要特征

该算法能够在不增强内容和位置耦合程度的条件下,达到现有的基于内容名的路由聚合效果,而且不需要全局映射,不会引入任何信令开销,因此,不会提高网络的复杂度,也不会增加内容请求时延。同时,由于缓存吸引是以单个结点为单位,还有助于降低域内结点的路由表规模,大幅减少路由通告的信息量,增强网络的路由能力。

5.3.3　CDN 的调度机制

新一代 CDN 引入了智能调度技术。智能调度包含两部分:用户请求路由(Request Routing,RR)和服务负载均衡(Service Load Balancing,SLB)。RR 负责面向用户服务的请求调度,主要功能是调度管理和访问调度。SLB 负责结点内服务器的负载均衡,根据结点类型的不同,可分为面向用户服务的负载均衡和面向级连接口的负载均衡。

1. RR 的功能

RR 直接关系到 CDN 的服务质量,是能否实现用户请求的就近服务的基础。RR 的调度策略设计原则是,保证将终端的请求调度到合适的 CDN 结点上,其主要功能如下。

(1) RR 能够根据结点负载情况(如结点的流量、连接数、健康状况等)把用户请求调度到网络状况好、负担轻的 CDN 结点上。

(2) RR 能够对 CDN 点状态(如可用性、服务带宽、负载等)进行实时监控。

2. SLB 的策略

SLB 是整个内容请求路由机制设计的基石,主要内容包括就近性判断和服务重定向机制,全局负载均衡的成功与否直接关系到最终用户的访问成败与质量。SLB 支持配置负载调度策略,并支持根据内容和配置策略进行媒体服务的负载均衡。负载均衡策略如下。

(1) 能够根据服务器负载情况实施负载均衡策略,根据服务器负载情况(如流量、连接数、健康状况等)选择服务器向用户提供服务。

(2) 能够根据内容的分布状况,优先选择已有内容的服务器向用户提供服务。

5.4 多数据中心大二层网络技术

云计算的基础架构主要包含计算(服务器)、网络和存储。对于网络,从云计算整个生态环境上来说,可以分为 3 个层面:数据中心网络、跨数据中心网络及泛在的云接入网络。云计算基础架构如图 5-4 所示。

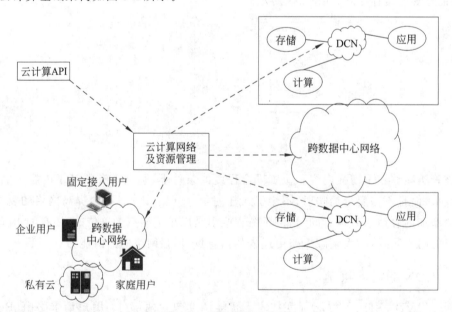

图 5-4 云计算基础架构

数据中心网络包括连接主机、存储和 4～7 层服务器(如防火墙、负载均衡、应用服务器、IDS/IPS 等)的数据中心局域网,以及边缘虚拟网络,即主机虚拟化之后,虚拟机之间的多虚拟网络交换网络,包括分布式虚拟交换机、虚拟桥接和 I/O 虚拟化等。跨数据中心网络用于数据中心间的网络连接,实现数据中心间的数据备份、数据迁移、多数据中心间的资源优化,以及多数据中心混合业务提供等。泛在的云接入网络用于数据中心与终端用户互联,为公众用户或企业用户提供云服务。

从网络虚拟化的角度,可以分为纵向网络分割和横向网络整合两种场景。纵向网络分割,即 $1:N$ 的网络虚拟化,例如,VLAN、MPLS、VPN 技术主要用于隔离用户流量、提高安全性,以及用户通过自定义控制策略实现个性化的控制,便于增值业务出租。横向网络虚拟化整合,即 $N:1$ 网络虚拟化,是通过路由器集群技术和交换机堆叠技术将多台物理机合并成一台虚拟机,实现跨设备链路聚合,简化网络拓扑结构,便于管理、维护和配置、消除"网络环路",增强网络的可靠性,提高链路利用率。

数据中心之间会有计算或存储资源的迁移和调度,对于大型的集群计算,可以构建大范围的二层互联网络;对于采用多个虚拟数据中心提供的云计算服务,可以构建路由网络连接。采用二层网络的好处是对虚拟机的透明化,通过简化数据中心的二层互联设计,就可以利用网络虚拟化技术在更短时间内完成确定性二层链路恢复,同时不影响 L3 链路,这与传统的 MSTP+VRRP 设计有所不同。此外,虚拟化能够在跨数据中心网络各层间横向扩展,这有利于数据中心规模的扩大,同时又不影响网络管理拓扑。但为了保证网络的高性能和可靠性,需要解决网络环路问题。

在服务器跨核心层二层互访模型中,核心层与接入层设备有两个问题是必须要解决的:一是拓扑无环路;二是多路径转发。但在传统以太网转发中只有使用生成树协议(STP)才能确保无环,但 STP 导致了多路径冗余中部分路径被阻塞,浪费了带宽,给整网转发能力带来了瓶颈。因此数据中心需要利用新技术,在避免环路的基础上提升多路径带宽利用率。

5.4.1　传统二层网络的局限性

STP 是 IEEE 802.1D 中定义的一个应用于以太网交换机的标准,这个标准为交换机定义了一组规则(用于探知链路层拓扑),并对交换机的链路层转发行为进行控制。如果 STP 发现网络中存在环路,它会在环路上选择一个恰当的位置阻塞链路上的端口,阻止端口转发或接收以太网帧,通过这种方式消除二层网络中可能产生的广播风暴。

STP 的这种机制导致了二层链路利用率不足,尤其是在网络设备具有全连接拓扑关系时,这种缺陷尤为突出。当采用全网 STP 二层设计时,STP 将阻塞大多数链路,使接入至汇聚间带宽降至原来的 1/4,汇聚至核心间带宽降至原来的 1/8。这种缺陷造成的结果是,越接近树根的交换机,其端口拥塞越严重,造成的带宽资源浪费就越严重。

可见,STP 可以很好地支持传统的小规模范围的二层网络,但在一些规模部署虚拟化应用的数据中心内(或数据中心之间),会出现大范围的二层网络。STP 在这样的网络中应用存在严重的不足,主要表现为以下问题。

(1) 路径效率低下,流量绕行 $N-1$ 跳,而路由网络只需 $N/2$ 跳甚至更短。

(2) 带宽利用率低,阻断环路,中断链路,导致大量带宽闲置,且流量容易拥塞。

(3) 可靠性低,秒级故障切换,对设备的消耗较大。

5.4.2 大二层网络方案

1. IRF 技术

H3C 智能弹性架构（Intelligent Resilient Framework，IRF）是 $N:1$ 网络虚拟化技术。IRF 可将多台网络设备（成员设备）虚拟化为一台网络设备（虚拟设备），并将这些设备作为单一设备管理和使用。

IRF 技术不仅将多物理设备简化为一台逻辑设备，同时网络层之间的多条链路连接也将变成两台逻辑设备之间的直连，因此可以对多条物理链路进行跨设备链路聚合，形成一条逻辑链路，增加带宽的同时也避免了由多条物理链路引起的环路问题。将接入、汇聚与核心交换机两两虚拟化，层与层之间采用跨设备链路捆绑方式互联，整网物理拓扑没有变化，但在逻辑拓扑上变成了树状结构，以太帧沿拓扑树转发，不存在二层环路，且带宽利用率最高。简单来说，利用 IRF 构建二层网络的好处包括以下 4 方面。

（1）简化组网拓扑结构和管理。

（2）减少设备数量和管理工作量。

（3）多台设备合并后可以有效地提高性能。

（4）多台设备之间可以实现无缝切换，有效提高网络 HA 性能。

目前，IRF 技术实现框式交换机堆叠的容量最大是 4 台，也就是说，使用 IRF 构建二层网络时，汇聚交换机最多可达 4 台。举例来说，汇聚层部署 16 业务槽的框式交换机（4 块上行，12 块下行），配置业界最先进的 48 端口线速万兆单板。考虑保证上下行 1:4 的收敛比，汇聚交换机下行的万兆端口数量为 $48×12=576$。接入交换机部署 40G 上行、48G 下行的盒式交换机。4 台 IRF 后的汇聚交换机可以在二层无阻塞的前提下接入 13 824 台双网卡的千兆服务器，可满足国内绝大部分客户的二层组网需求。

2. TRILL 技术

采用 TRILL 技术构建的数据中心大二层网络，分为核心层（相当于传统数据中心汇聚层）和接入层。接入层是 TRILL 网络与传统以太网的边界；核心层 RBridge 不提供主机接入，只负责 TRILL 帧的高速转发。每个接入层 RBridge 通过多个高速端 E1 分别接到多台核心层 RBridge 上。准确地说，TRILL 最多可以支持 16 台核心层 RBridge。这样也就对接入层交换机提出了更高的要求：支持 16 端口万兆上行、160G 下行。目前的主流千兆交换机都是 40G 上行、48G 下行，最高密度可以支持 100G 上行、96G 下行。

如果与前面 IRF 组网采用相同的汇聚（TRILL 核心）设备和收敛比，TRILL 目前最大可以支持 10 核心组网，最多可以无阻塞地接入 27 648 台双网卡千兆服务器。可以直观地看到，随着汇聚交换机数量的增加，二层网络服务器的接入规模直线上升。这是目前 TRILL 相对于 IRF 最明显的优势。

3. EMI 技术

由于大规模的二层网络缺乏成功的运维经验，最合理的虚拟化网络应该是"L3+L2"网络模型。如前文所述，EVI 特性可以通过汇聚层和核心层之间的 IP 网络实现二层互通，因此通过 EVI 扩展多个二层域时不需要更改布线或设备，仅需要在汇聚设备上启用 EVI 特性即可。这样可以平滑地扩展二层网络的规模。

目前,"L3 路由＋L2 IRF＋EVI"是最适合云计算虚拟化数据中心网络的模型。其主要的优点包括以下 3 方面。

(1) 技术成熟,架构稳定。

(2) 丰富的运维经验,便于维护。

(3) 平滑的扩容能力,能够支持大规模二层网络。

4. VXLAN/NVGRE 技术

2011 年,业界出现了在 vSwitch 上支持 L2oIP 的技术,有虚拟可扩展局域网(VXLAN)和网络虚拟 GRE(Network Virtual GRE,NVGRE)两种。前者是由 VMware 和思科提出的标准,使用了 L2oUDP 封装方式,最大可以支持 16M 的 Tenant ID;后者是由 HP 和微软提出的标准,使用了 L2oGRE 封装方式,也支持 16M 的 Tenant ID。这两种技术的主要特点是隧道的起点和终点主要在 vSwitch 而不是物理交换机上。

5. OTV 技术

叠加传输虚拟化(Overlay Transport Virtualization,OTV)技术使物理上处于不同位置的多个数据中心融合成了逻辑上的一个数据中心,从而满足了用户跨域融合的业务需求。该技术通过使用 MAC 地址路由规则提供一种叠加网络,在分散的二层域之间实现二层连接,从而打通不同机房之间的二层网络 VLAN,实现业务虚拟机在不同数据中心机房的虚拟化资源池中的灵活漂移,使业务系统不论处于哪一个数据机房,云平台对云计算 IT 服务使用者都能提供同样的服务。

在数据平面上,OTV 采用 MAC-in-IP 方式对原始的报文进行封装。在控制平面上,OTV 有多播与单播两种方式建立邻接拓扑,多播方式适用于支持多播的 IP 核心网,单播方式需要设置一台邻接服务器(Adjacency Server),保存所有的邻接设备信息列表(Overlay Adjacency List,OAL)。所有 OTV 结点需要手工设定此邻接服务器的地址,上线时去取得其他邻居结点的信息以建立邻接。对于数据中心多站点互联存在的问题,OTV 设计了一系列强大的处理机制,包括 STP 隔离、未知单播隔离、ARP 控制、MAC 地址学习控制、站点 ED 双机冗余及 HSRP 隔离等技术。

5.4.3 软件定义跨数据中心网络方案

SDN 是最近学术界研究的热点问题。在数据中心乃至跨数据中心网络互联中使用 SDN 技术,一方面有助于利用软件定义网络的集中控制特性,提供全网视角的监控和性能优化策略,加强网络细粒度的可管理性;另一方面利用软件定义的可编程性,有助于迅速、灵活地引入新的网络功能。

另外,由于 2012 年美国 Sandy 飓风对网络的阻断案例,高可靠和持续可用成为当前智慧服务的基本要求,灾难恢复能力也成为选择云服务和云服务提供商的重要标准之一。高度的灾难抵御能力实质上要求服务提供商的智慧云服务搭建在若干地理分隔的数据中心之上,从而达成相关的冗余灾备能力。

跨数据中心网络要穿越大量异构的广域网,对此若使用传统方法从数据中心边缘进行管理,难度很大。另外,云上的虚拟网络也需要合理地映射在云下的承载网络上。这都对跨数据中心网络的构建提出了挑战。

由于 SDN 的诸多优良特性,使用 SDN 思路可以尝试解决在跨数据中心互联的场景下的网络互联需求。下面将介绍一种基于 SDN 的优化方案。

云平台与 SDN TOR 交换机紧密集成,通过控制器(Controller)控制 SDN TOR 交换机的流表下发,来完成虚拟网络转发路径的建立。VM 将报文送到 vSwitch,vSwitch 直接将报文加上 VLAN 通过网卡送到 TOR 交换机,在 TOR 上查流表,去掉 VLAN Tag,识别 VM,进而识别 Tenant。可选地,可以对 VM 或 Tenant 应用一些策略(如限流、安全过滤等),然后查流表,如果是跨机架送到别的 TOR,则加上 Tunnel,经过中间物理网络,送到目的 TOR,目的 TOR 剥去 Tunnel Header 后查流表转发(仍然可以先应用策略),到了服务器上,vSwitch 查本地流表(只需要维护本地 VM 信息)后,转发到目的 VM。整个架构和报文流程如图 5-5 所示。

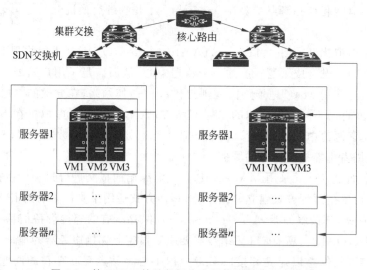

图 5-5　基于 SDN 的跨数据中心网络架构和报文流程

该方案有着明显的优势:

(1) 基于标准的 OpenFlow 接口,可以防止厂商锁定,只要厂商支持 OpenFlow 多级流表,且能支持相应的匹配字段和编辑动作。

(2) 让服务器专注于计算,将流表查找、Tunnel 加解封装、QoS、安全组等网络处理功能都卸载到 TOR,可以大大减轻服务器负担,提升网络性能。

(3) 分布式 L3 Gateway 的设计,特别是将 L3 Gateway 做到 TOR 上,可以避免集中式 L3 Gateway 带来的单点故障的风险,并消除它的性能瓶颈,而且是将 Router 功能做在 TOR 而非虚拟机监视器上,可提升路由性能。

(4) 将云平台需要控制的网络结点数量从虚拟机监视器的数量变为 TOR 的数量,降低了一个数量级,有效减轻了云平台的可扩展性压力,特别是在 VM 迁移时,需要去更新的结点数量降低了一个数量级。

(5) 可以很好地支持非虚拟化环境。

(6) TOR 仍然可以对用户数据应用策略进行监控,极大地缓解了纯软件方案带来的网络不可视问题。

5.5 叠加网络的层间博弈与协作

近年来,叠加网络技术已经成为国内外新的研究热点。然而,由于叠加网络和基础网络,以及各个叠加网络之间寻求目标的不一致,它们存在着一定的策略冲突。这一问题近年来逐步引起了学术界越来越多的关注和研究,相关研究议题大致可归纳如下。

5.5.1 叠加网络的生成

叠加网络的生成是后续网络操作的前提,在现有网络的基础上组织起虚拟的通信结构,可以有效地增强现有网络路由的可靠性,提高网络对不同应用需求的服务能力。现有叠加网络的生成,在结点部署、拓扑失配、网络映射等环节上存在着与基础网络不友好等问题。

1. 结点部署

叠加网络的实质是对网络资源的利用在结构和分布上进行的调整,对于路由叠加结点部署问题的研究,在提高网络性能、增强网络弹性等方面具有重要意义。服务叠加网络(Service Overlay Networks,SON)系统在相邻 ISP 之间的合适位置部署服务网关(Service Gateway,SG),服务网关之间的逻辑连接由底层 ISP 提供并满足其服务质量保证,而对其拓扑结构并没有分析。基于 SON 的理念,QoS 感知的叠加路由(QoS-aware Routing in Overlay Network,QRON)机制被提出,在不同的自治域内部署 OverQoS 结点组成一个叠加网,支持根据 QoS 需求为叠加网络应用分配资源及路由选择,平衡叠加网络结点和路径间的流量分布,降低叠加流量对非叠加流量的不利影响。随后,通用路由叠加网络的结点部署技术以及 SON 的后续研究都逐步考虑了基础网络的能力和拓扑,用于提高叠加网络的性能并减少网络生成的代价。

首先,叠加结点的部署决定了叠加网络的拓扑,进而影响叠加路由与数据传输的性能。叠加结点部署问题的目标是求解满足业务流量需求下的最小代价的拓扑结构,可归约为最小 Steiner Forest 问题(NP-Hard),需要采用启发式算法、模拟退火算法和贪心算法等近似求解。其次,叠加结点之间的邻接关系最终形成了叠加网络的拓扑结构,不同的拓扑结构对叠加网络的性能也会产生很大的影响。

2. 拓扑失配

在确定叠加网络拓扑结构时,如果不考虑结点在基础网络中的实际位置,则物理上相距很远的点可能成为叠加网络中的邻居;相反,物理上邻近的结点可能在叠加网络中相距甚远。这种叠加网络结构同基础网络的拓扑结构发生的失配(Topology Mismatching)问题可能使网络操作引起大量不必要的跨自治域的网络流量,并支付高昂的跨 ISP(Cross-ISP/Inter-ISP)流量费用。如图 5-6 所示,假如有 A、B 和 C 这 3 个自治域,自治域 A 内结点 a 要给本自治域内结点 b 发送数据,当叠加网络结构同基础网络失配时,如图 5-6(a)所示,需要路由到自治域 B 以及自治域 C 内的相关结点,产生大量的跨域流量。如图 5-6(b)所示为叠加网络结构同基础网络拓扑匹配的情况,域内直接发送即可。

2012 年 1 月,国内多个科研院所联合发表了文献,着重探讨了基于位置感知的 P2P

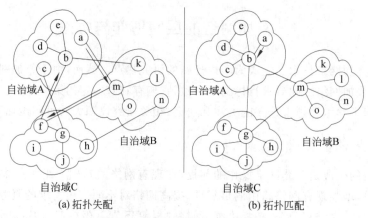

(a) 拓扑失配　　　　　　　　　　　　(b) 拓扑匹配

图 5-6　叠加网络拓扑失配与匹配

流量优化技术。这一类基于拓扑特性的叠加网络优化方法在基本原理上与设计结构化
P2P 是共通的,它们都是通过加强叠加网络的拓扑性质,来提高叠加网络中的路由和搜索
效率。Siganos 等收集并分析了自治域层面互联网的统计数据,揭示了互联网具有幂律
分布的特性,是一种典型的小世界(Small World)模型,具有一定的聚集性和层次性。因
此,可以根据自治域或结点位置的聚集度,将它们划分为若干簇(Cluster),按照网络的小
世界特征,构建层次化结构的叠加网络系统。

3. 网络映射

　　叠加网络是对共享的基础网络的一种抽象,允许生成彼此共存且具有不同拓扑的多
重虚拟化网络(Virtualization Network,VN)。在不破坏底层资源约束的前提下,要将多
个叠加网络同时映射到共用的基础网络中,需要合理的网络映射算法,计算叠加结点的部
署位置及互联关系,保证底层资源的高效利用。实际上,叠加网络映射问题同样是个 NP-
Hard 问题,当前的研究者只是从不同的角度出发,提出了可行的启发式网络映射算法,这
类算法大多对网络结点映射和链路映射之间的关系考虑不够,将两个映射阶段分离,在运
用贪婪算法选择完成所有结点映射之后再单独研究采用 K-最短路径(K-Shortest Path)
算法或者基于多商品流(Multi-Commodity Flow)的线性规划求解进行网络的链路映射。
由此,可归纳出两类虚拟化网络映射算法:结点优先映射的两阶段算法和结点与链路同
时映射的单阶段算法。

　　通过研究发现,两阶段映射算法经常将逻辑相邻的两个叠加(虚拟)结点映射至相距
较远的两个物理结点上,造成不必要的资源开销;与此同时,单阶段映射算法存在着探测
跳数和回溯次数的限制,影响了其可扩展性。为此,提出了一种混合式映射算法,在发挥
两类方法优势的同时规避了各自的缺陷。借助 K 核(K-Core)降解算法将叠加网络划分
为核心网络和边缘网络,核心网络采用结点优先映射的两阶段映射,选取能力较强的结点
作为核心结点,在核心结点管辖范围下的边缘网络中利用单阶段映射,提高了映射的收益
率。此外,通过对成功映射的虚拟请求(包括相关的结点映射和链路映射)信息进行挖掘,
探索出物理网络中的"重要结点"和各个结点之间的远近关系,利用贝叶斯网络分析,依次
将与已映射结点关联度最大的物理结点分配给下一个将要映射的虚拟结点。通过这种策

略可以避免不必要的带宽浪费，从而改进虚拟网络的接收率。

5.5.2 叠加网络的路由

叠加网络的路由问题是通过叠加结点进行路径选择的过程，也是叠加网络研究的核心和难点。业界在此方面已经有了很多的研究与尝试，比如早期的 Detour、RON 等技术就是在叠加结点之间通过 IP 隧道中转或路由数据流量来改善网络的性能。然而，叠加网络和基础网络在各自运行过程中，会出现以下问题。

1. 功能重叠且相互独立

在传统网络中，叠加网络路由和基础网络相互独立地执行类似的路由功能（二次路由），形成了功能上的重叠，其交互模型如图 5-7 所示。ISP 利用流量工程（Traffic Engineering, TE）策略为基础网络规划全网流量（包括叠加网络流量和非叠加网络流量），其目标是均衡各个网络链路的流量，应对网络性能的动态变化，如链路故障失效、边界网关协议（Border Gateway Protocol，BGP）失效、流量拥塞等；而叠加网络路由位于叠加层构建的虚拟逻辑网中，根据其逻辑链路状态为叠加网络自私地计算最优路由，即自私路由（Selfish Routing）。

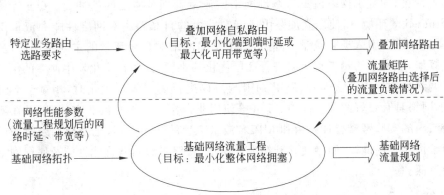

图 5-7 叠加网络自私路由和基础网络流量工程交互模型

流量工程和叠加网络路由相互独立工作的模式存在以下 3 方面的缺点。

（1）双方目标冲突。流量工程的目标是平衡网络上各条链路的负载，而叠加路由总是选择最短路径（如延迟最短或吞吐量最大的路径），从而会引起某些链路的负载过重，这就造成了流量工程与叠加路由的目标冲突。

（2）交互引发路由振荡（Routing Flap）。流量工程需要不断地配置新的底层路由，而叠加路由也需要不断地在流量工程配置的新底层路由的基础上进行新的叠加路由计算，这种叠加路由与流量工程的不断交互导致网络上出现频繁的路由振荡现象，从而影响了网络的效率和稳定性。

（3）误导流量矩阵估计。流量工程一般通过对全网的流量矩阵（Traffic Matrix, TM）的动态估计来进行流量均衡，叠加网络对自身流量的主动性调整，使得基于 BGP 的松散网络耦合性加强，不同自治域之间将会相互影响，流量矩阵变得更为动态复杂，使得 ISP 对全网的流量矩阵很难进行准确的估计。

目前,已经有很多文献利用非合作博弈(Non-Cooperative Game)的方法对自治域内流量工程和叠加路由之间的这些问题进行了研究。例如,Seetharaman 等提出了一类基于领导者优先策略的算法,将流量工程或者叠加网络路由的其中一方作为领导者,另一方作为跟从者。该算法在理想条件下可以在流量工程与叠加网络路由交互有限次后使网络路由达到稳定,在一定程度上减轻冲突所带来的网络路由振荡,但该算法依然无法避免一段时间内的路由振荡,且该算法得到的性能不是帕累托最优(Pareto Optimality)的。近年来,国内也有学者针对叠加网络的路由进行了研究,中国科学院计算技术研究所的文献探讨了域间路由优化的叠加网络技术所面临的网络冲突、流量振荡等问题,并对叠加网络路由性能改善做了深入的量化综合分析。

2. 竞争有限资源

叠加网络和基础网络的流量工程及其他叠加或非叠加网络的路由会互相影响,导致网络整体的性能下降,有许多研究利用博弈论的方法对此问题进行了深入的理论分析与实验验证。把这种叠加网络中自私路由引起的网络冲突概括为两类:垂直冲突与水平冲突。

1) 垂直冲突

垂直冲突,即叠加网络流量与基础网络的流量管理策略之间的冲突。Qiu 等研究了在 Internet-like 环境下,使用叠加路由或者源路由的自私路由对网络性能和流量工程的影响。结果发现,引入动态流量矩阵后,由于叠加网络对自身流量的主动性调整,流量矩阵变换频繁,加大了流量工程策略进行底层优化的难度,其各自优化发生冲突的结果反而降低了网络的整体性能。同时,采用 MPLS 协议进行底层流量优化时,相对于 OSPF 而言,叠加网络具有较好的共存能力。Liu 等使用非合作二人纳什博弈方法,以及在实际单一自治域内的实验考查叠加路由和 MPLS 流量工程的互相作用,也发现如果叠加网络系统并频繁优化其性能,反而会使其开销大大增加,最终导致自身优化性能及底层网络整体性能的降低。

2) 水平冲突

水平冲突,即一个叠加网络流量与其余叠加或非叠加网络流量之间的冲突。Qiu 等同样分析了多个叠加网络之间的冲突情况,结果发现,基于自私优化策略的各个叠加网络共存竞争,不仅会影响每个叠加网络的性能,也会降低整体网络的性能。在此基础上,Jiang 等把叠加网络的整体看作一个自私的对象,将全局优化路由和自私路由两种策略进行了折中,建立了相应的约束凸优化问题模型来求解该策略的纳什均衡点,并引入流量计价因素以消减叠加网络之间的资源分配不均衡问题。结果表明,使用该路由策略达到纳什均衡时,基础网络整体延迟优于自私路由,接近全局优化路由。然而,Jiang 等只分析了共享基础网络链路的多个叠加网络之间的博弈,实际上多个叠加网络还可能通过基础网络的流量工程发生间接的相互作用,这个过程更加复杂,有待继续探索。

在此基础上,Keralapura 等进一步对多叠加网络的资源同步竞争问题进行了研究。他们认为,这种竞争不仅影响各个叠加网络的自身性能,而且由于叠加流量在不同路径间的流量振荡(Traffic Oscillation),也会影响相关链路上的非叠加网络流量。通过在探测算法中加入随机参数,并采用指数退避式的资源竞争算法,可以较有效地抑制叠加网络同步概率和减少同步振荡。此外,OKADA 等还进一步研究了多个叠加网络共存情况下的合作路由方式,并提出了一套较简单的协作协议,但其效果尚需要在真实网络环境下进行进一步验证。

3. 信息交互模式

近期的研究成果显示,叠加网络与基础网络通过某种方式的信息交互,可以在一定程度上实现双方乃至多方共赢(Win-Win),提高网络资源的利用率,降低由于信息不感知造成的一系列不利影响。Nakao 等提出在基础网络层和叠加网络层之间建立共享的路由铺垫(Routing Underlay)实时探测基础网络,为上层多个叠加网络提供拓扑、路径性能等粗粒度的静态信息。共享路由铺垫负责了每个特定应用的叠加网络对基础网络采集信息的工作,这样不但避免了网络中大量重复的探测,而且可以辅助实现不同叠加网络间的协作。

2011 年,有文献汇总了 P2P 网络与基础网络可能交互的各类信息,讨论了其用途和获取方式,而且按照双方参与程度将各种交互方式分成了 4 类。

(1) 双方间接参与型。基础网络通过传统流量工程的方式对特定叠加网络类型的流量进行优先的 QoS 控制。

(2) 基础网络主导型。基础网络通过某种方式直接控制叠加网络,在提高叠加网络效率的同时,降低网络运营成本。

(3) 叠加网络主导型。叠加网络通过修改系统协议来优化自身性能,通过测量估计或反向工程获取信息,可不依赖基础网络的参与。

(4) 双方直接交互型。基础网络和叠加网络为实现双方共同的目标而进行紧密协作,基础网络通过一套中介平台主动为叠加网络提供更准确的基础网络信息,以实现共赢的目标。其中,双方直接交互型模式是国内外最新的研究热点,它还有非常大的优化空间。该模式交互的信息不一定是静态的,也可以包括实际网络状态,如平滑 IT 信息服务(Smooth IT Information Service,SIS)系统。德国电信实验室提出的 Oracle 系统还对每个叠加结点的邻居结点按照其物理拓扑的位置远近进行了排序,帮助 P2P 客户端选择较优的结点。此外,基础网络提供的信息还可以考虑路径代价、ISP 策略等因素,如美国耶鲁大学网络系统实验室提出的 P4P 系统。

在这些系统中,叠加网络通过获取网络信息来优化其拓扑和数据调度,基础网络按照各 ISP 既定策略,通过控制网络拓扑与状态信息的粒度实现多样化服务,影响叠加网络的路由判决,最终达到基础网络与叠加网络的共赢目标。然而,针对这种思路依然存在不小的争议,如 P4P 用户可能会对非 P4P 用户形成流量的恶性抢占,以及 ISP 策略公平性问题等。在考虑叠加网络间流量不同需求的前提下,如何确定合适的策略来实现整体网络流量效用最大化与各个流量公平化的统一,还有待国内外学者深入研究和解决。Landa 等近期已经针对 ISP 与叠加网络间的协作,特别是两者收益和成本间的折中模型,进行了有益的探讨。

综上所述,叠加网络技术的研究方兴未艾,与网络环境友好的网络生成、路由控制等关键技术和体系架构的研究还处于萌芽状态。现有研究成果对具有友好、公平、自组织特性以及多功能平面叠加网络、网络拓扑行为、多层次的联合资源管理与优化的支持尚不充分。

5.6　叠加网络的应用方向或应用前景

传统叠加网络独立于基础网络,旨在不改变或者较小程度地改变现有网络结构的基础上,对原有的网络进行功能性扩展。叠加网络前向兼容现存基础网络资源,按需构建逻辑拓扑结构,实现独立、可跨域、可定制的叠加网络路由,为各类特定业务提供现有 IP 路由所难以满足的功能及性能需求。2011 年 12 月,IEEE 标准化协会批准了 IEEE 1903 NGSON(下一代业务叠加网络)标准,研究基于 IP 协议的服务叠加网络的具体框架,IETF 成立了应用层流量优化(Application Layer Traffic Optimization,ALTO)工作组以制定应用层流量优化的标准。然而,这些标准在事实上给基础网络带来了诸多不利的影响,由此产生了一系列的应用方向。

(1) 叠加网络突破了 IP 网络的功能性限制,将推动电信网和互联网的融合,从而形成独立于异构承载网络之上的统一的业务体验。为解决目前业务运营中暴露出来的对于业务控制相对独立、网络资源利用率低下、异构网络之间互联互通困难以及未来业务网络下多业务融合和业务应用的无缝切换等一系列重大基础性应用难题提供坚实、可靠的保障。

(2) 叠加网络的开放式体系架构打破了传统互联网中用户主机(终端)和网络设备的属性界限,让二者共同承担业务网络中数据转发的功能;削弱了电信网中业务使用者和业务提供商之间的角色界限,可以更为灵活、方便、高效地提供丰富的业务,给用户带来更加个性化的体验。

(3) 叠加网络的出现使得基于 BGP 的松散网络耦合性加强,不同自治域之间将会相互影响,流量矩阵变得更为动态复杂,传统的流量均衡策略也会被打破。ISF 需要在此基础上采取相应的对策,进行特性规律统计并提供良好的交互性与信息共享机制。

(4) 叠加网络同样应当尽可能地了解基础网络服务的路由策略与底层信息,并采取相应的机制,如随机路径探测等网络感知技术,以避免对周围其他网络造成不利影响,如减少域间流量和路由振荡、实现网络环境的友好性等。

(5) 网络状态感知需要基础网络和多叠加网络共同参与和分布式信息收集,毕竟单个结点感知的信息往往不够精确,即便是 ISP 也只能提供域内有限的网络信息。因此,该平台有必要由叠加网络主机与基础网络的各个 ISP 共同提供维护,保证其信息的准确有效。

结合国内外同行的研究报道与研究结果,不难推断,与基础网络友好的叠加网络技术可极大地提升网络的效能,在支持充分利用网络资源的同时,可避免对基础网络的不利影响,必将成为支持灵活、可扩展和稳健的未来网络研究的热点技术和发展方向。

5.7　典型案例分析:PPTV 基础平台管理系统

PPTV 在全球范围拥有超过 3 亿观众,是华人市场具有巨大影响力的网络视频媒体之一。PPTV 有过 10 亿的客户端下载量,每个活跃用户平均每天使用 2h 45min,所有活跃用户 1 天使用总时长约为 1139 年。月度用户数 3.4 亿,每天覆盖人数 5000 万,直播在线峰值 1000 万,这为 PPTV 积累了丰富的视频直播经验。

5.7.1 机遇及挑战

中国互联网面临的独特挑战在于:运营商之间的互联带宽有限;跨省之间的互联带宽有限;城际网之间的互联带宽有限。用户访问规律与传统电视极其相似,对于视频而言,较大的问题在于带宽利用效率,从一周内访问量的变化来看,每天的固定高峰期集中在 20:00—24:00,因此需要为服务高峰期准备带宽。

随着 PPTV 视频业务的高速发展,PPTV 所面临的挑战在于视频数量大爆发,画质需求、播放质量需求和实时性要求不断提高,新终端不断涌现,移动以及社交化产生大量长尾内容等。

如何在保证支持海量用户高清流畅观看的前提下,尽量减少带宽的消耗?怎么解决中国互联网互联互通的问题?如何解决对外 B2B 业务带来的多租户数据和服务管理问题?如何为企业客户提供端到端的全流程解决方案?对此,PPTV 建设了 PPCloud 平台,将大量资源包括存储进行大规模统一调度集中管理,对分发播放对外提供统一服务的平台。

5.7.2 大规模视频云的实践

为了克服这些问题,PPCloud 采用了“云+端”的架构,把云端数百个机房数千台服务器的力量和上亿终端的力量联合起来,动态调整,为用户提供最高质量的服务。同时,PPTV 还在编解码、分布式存储基于实时大数据系统反馈基础上的流量调度系统上投入了大量的精力,形成了 PPCloud 的基础。在此基础上,结合广大客户的需求和 PPTV 多年的视频运营经验,专门为外部 2B 用户开发了结合传、转、存、发、播等综合能力的视频工作流平台。PPTV 的产品技术体系如图 5-8 所示。

PPCloud“云+端”的大规模视频服务架构具有大规模分布式的资源池,其中,云核心数据中心包括五大数据中心、PB 级存储能力 X0G 级的多线带宽、分布式数据中心超过200 个数据机房、数百 PB 存储能力、数百 Gb/s 的服务器带宽,以及超大规模的端分布式网络,2.4 亿同时覆盖的能力,超过千万人同时在线的承载能力。

PPCloud 视频服务要求全地域、全运营商覆盖,这一点在中国尤其重要。怎样保证二三线地区和非主流运营商的服务质量也是目前视频传输的重要课题。PPTV 采用“跨地域分布式存储+服务网络”,所有互联网数据中心(Internet Data Center,IDC)组成跨地域分布式文件系统,CDN 结点的作用不仅是缓存服务和让存储推拉结合,90% 的请求由预推送内容满足。

在 PPTV 的推送策略上,采用冷热内容的合理分布来保证服务质量是一个核心问题。全网复制存储与传输成本都太高,选择性的内容复制策略是必需的。

而 PPCloud 内容分发架构的特点在于:视频业务需要大规模跨地域的服务体系;服务和存储结合,源站+CDN 缓存到分布式存储+服务网络;多应用整合,实现资源弹性共享;集中的存储、流量、应用调度;“CDN+P2P”“云+端”资源无缝对接;针对垂直应用优化,通用性弱。

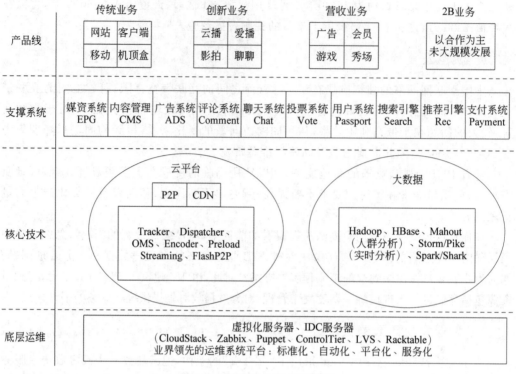

图 5-8　PPTV 的产品技术体系

5.7.3　亚洲电视网的建设

为扩展海外市场,PPTV 建设了基于 Windows Azure 的亚洲电视网(ATN)。亚洲电视网的整个开发过程全部在 Windows Azure 云端完成,其视频点播、分发平台的技术基本沿用了 PPTV 自己在国内的 PPCloud 平台。

Windows Azure 平台合作伙伴云角帮助 PPTV 将 PPCloud 的核心技术迁移至 Windows Azure 云平台。客户上传的视频内容通过 Blob 存储进行保存,并由 Windows Azure 在全球的 CDN 将内容送达离观众最近的结点,确保视频播放速度。

结合 Windows Azure 和自身优势,PPTV 亚洲电视网快速提供了覆盖北美、东南亚和欧洲市场的电视云服务,让技术实力不足的小电视台和内容运营商也能在两三个月时间里拿出一套服务方案,快速实现内容定制、定价,以及广告运作和收费视频节目的推送。

重 点 小 结

(1) 叠加网络(或称为覆盖网络、重叠网络、层叠网络,Overlay Networks)是演进路线的关键技术之一,其目标是通过演进的方式实现革命式的改变。

(2) 现代 P2P 的特点,DHT 算法存在的问题,P2P 的流量识别。

(3) CDN 的文件分发、缓存、调度机制。

(4) IRF 技术、TRILL 技术、EMI 技术、VXLAN/NVGRE 技术、OTV 技术和一种基

于 SDN 的优化方案。

（5）叠加网络的生成和路由。

习题与思考

1. DHT 算法存在的问题有哪些？
2. 简述 CDN 的文件分发机制。
3. 简述软件定义跨数据中心网络方案的优势。
4. 叠加网络和基础网络在各自运行过程中会出现哪些问题？

任 务 拓 展

仔细阅读典型案例分析：PPTV 基础平台管理系统，回答以下问题。

（1）请详细说明 PPTV 的产品技术体系包含哪些内容。

（2）简述 PPCloud 内容分发架构的特点。

学习成果达成与测评

项目名称	叠加网络技术		学　时	8	学　分	
职业技能等级	中级	职业能力	对叠加网络相关技术的掌握，叠加网络技术应用能力		子任务数	5个
序　号	评价内容		评价标准			分数
1	DHT算法存在的问题及P2P的流量识别		能够详细地描述出DHT算法存在的问题及P2P的流量识别方法			
2	CDN的文件分发机制、缓存机制和调度机制		能描述Push、Pull、Push＋Pull分发机制；能详细描述CDN缓存机制的内容及特征；能描述CDN调度机制			
3	大二层网络方案和软件定义跨数据中心网络方案		能简述IRF技术、TRILL技术、EMI技术、VxLAN/NVGRE技术、OTV技术，掌握基于SDN的跨数据中心网络架构和报文流程			
4	叠加网络的生成和路由		能够描述现有叠加网络的生成在结点部署、拓扑失配、网络映射存在的问题及改进方法；能够描述叠加网络的路由问题			
5	叠加网络的应用前景		能简述叠加网络的应用方向或应用前景			
考核评价	项目整体分数(每项评价内容分值为1分)					
	指导教师评语					
备注	奖励： 　　1. 按照完成质量给予1～10分奖励,额外加分不超过5分。 　　2. 每超额完成1个任务,额外加3分。 　　3. 巩固提升任务完成优秀,额外加2分。 惩罚： 　　1. 完成任务超过规定时间扣2分。 　　2. 完成任务有缺项每项扣2分。 　　3. 任务实施报告编写歪曲事实、个人杜撰或有抄袭内容不予评分。					

学习成果实施报告书

题　目					
班　级		姓　名		学　号	

任务实施报告
请简要记述本工作任务学习过程中完成的各项任务,描述任务规划以及实施过程,遇到的重难点以及解决过程等,字数要求不低于 800 字。

考核评价(按 10 分制)		
教师评语:	态度分数	
	工作量分数	

考 评 规 则
工作量考核标准: 1. 任务完成及时。 2. 操作规范。 3. 实施报告书内容真实可靠,条理清晰,文笔流畅,逻辑性强。 4. 没有完成工作量扣 1 分,故意抄袭实施报告扣 5 分。

第6章 网络功能虚拟化

网络功能虚拟化技术打破了网络物理设备层和逻辑业务层之间的绑定关系,每个物理设备被虚拟化的网元所取代,管理能够对虚拟网元进行配置以满足其独特的需求。网络功能虚拟化(Network Functions Virtualization,NFV)技术就是为了解决现有专用通信设备的不足而产生的。如果能够打开软硬件垂直一体化的封闭架构,用通用工业化标准的硬件和专用软件来重构网络设备,可以缓解增量不增收的现象。本章将对该技术进行深入分析。

学习目标

- 理解 NFV 的概念及架构
- 理解 NFV 的应用场景
- 理解 SDN 与 NFV 之间的关系
- 理解网络编排及应用

能力目标

- 熟悉 NFV 的概念及架构
- 掌握 SDN 与 NFV 之间的关系及应用
- 理解网络编排及应用

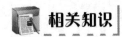

6.1 NFV 概述

6.1.1 NFV产生的背景

在 NFV 白皮书中提出,网络运营商的网络通常采用的是大量的专用硬件设备,同时这些设备的类型还在不断增加。为提供经常需要新增的网络服务,运营商还必须重新增加新的专有硬件设备,并且为这些设备提供必要的存放空间以及电力供应;但随着能源成本的增加、资本投入的增长、专有硬件设备的集成和操作的复杂性增大,再加上专业设计能力的缺乏,使得这种业务建设模式变得越来越困难。另外,专有的硬件设备存在生命周期限制,需要不断地经历"规划—设计开发—整合—部署"的过程,这个长期过程并不为整个业务带来收益。更严重的是,随着技术和服务创新的需求,硬件设备的生命周期变得越来越短,这阻碍了新的电信网络业务的运营收益,也限制了在一个越来越依靠网络联通世界的新业务格局下的技术创新。

NFV 技术最初的提出是为了解决专用通信设备不足的问题。通信行业为了追求设备的高可靠性、高性能,往往采用软件和硬件结合的专用设备来构建网络。例如,专用的路由器、内容分发网络(Content Delivery Network,CDN)、深度包检测技术(Deep Packet Inspection,DPI)、防火墙等设备,它们的架构都是专用硬件加专用软件。这些专用通信设备在提供高可靠性和高性能的同时,也带来了一些问题。网元是软硬件垂直一体化的封闭架构,业务开发周期长,技术创新难,扩展性受限,且管理复杂。一旦部署,后续升级改造就受制于设备制造商。网络是复杂而刚性的,由大量单一功能的、专用网络结点和碎片化、昂贵、专用的硬件设备构成。网络和业务像烟囱群,新业务的提供往往需要开发新设备,造成设备种类和 OPEX 居高不下,而且需要面对大量不同厂家、不同年代、不同设备的采购、设计、集成、部署、维护运行、升级改造等问题。

由上述问题可以看出,最重要的一点是网络设备投资居高不下,与此同时,运营商网络流量不断增长,收入增长却不明显,出现增量不增收的现象。如果能够打开软硬件垂直一体化的封闭架构,用通用工业化标准的硬件和专用软件来重构网络设备,可以极大地减少 CAPER,缓解增量不增收的现象。为此,NFV 技术应运而生。

6.1.2 NFV 的基本概念

NFV(Network Functions Virtualization,网络功能虚拟化)将许多类型的网络设备(如 Servers、Switches 和 Storage 等)构建为一个数据中心网络,通过借用 IT 的虚拟化技术,虚拟化形成 VM(Virtual Machine,虚拟机),然后将传统的通信业务部署到虚拟机上。

在 NFV 出现之前,设备的专业化很突出,具体设备都有其专门的功能实现,而之后设备的控制平面与具体设备进行分离,不同设备的控制平面基于虚拟机,虚拟机基于云操作系统,这样当企业需要部署新业务时只需要在开放的虚拟机平台上创建相应的虚机,然后在虚拟机上安装相应功能的软件包即可。这种方式就叫作网络功能虚拟化。

6.1.3 NFV 架构介绍

众所周知,电信网络对设备的可靠性、性能有着十分严格的要求,对设备的可维护性要求也很高。网络功能虚拟化之后,对于硬件资源、虚拟资源、虚拟功能网元如何进行有效管理,是电信网络重点关注的内容。欧洲电信标准协会 NFV 行业标准组定义了端到端的架构,描述了 NFV 架构,如图 6-1 所示。

NFV 架构中包括硬件资源、虚拟资源、虚拟功能网元、运营支持系统(Operation Support System,OSS)、商业支持系统(Business Support System,BSS)、虚拟化基础设施管理器(Virtualized Infrastructure Manager,VIM)、虚拟化网络功能管理器(Virtualized Network Functions Manager,VNFM)和网络功能虚拟化调度器(Network Functions Virtualization Orchestrator,NFVO)。

硬件资源分为计算资源、存储资源和网络资源 3 部分。

计算资源是指本地通用物理服务器,通用物理服务器包含 CPU、内存、本地磁盘和网卡等,也可以包含加速的硬件(如硬件加/解密、分组交换、分组转发加速)。存储资源是指

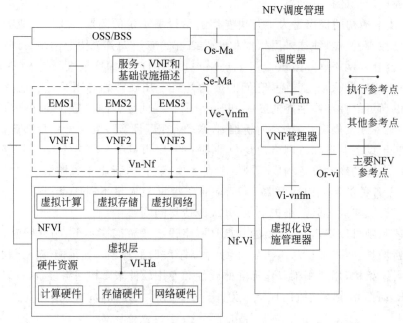

图 6-1　NFV 架构

外接用于存储的磁盘阵列或者分布式存储。网络资源通常是指交换机和路由器等网络通信连接设备。

虚拟资源的主要体现形式为虚拟机（Virtual Machine，VM）。虚拟机包含虚拟计算资源（如虚拟 CPU）、虚拟存储资源（如虚拟内存）、虚拟磁盘以及虚拟网络资源（如虚拟网卡）等。虚拟机可以有不同规格，虚拟机规格有资源模板描述，虚拟机规格可配置、可管理。虚拟机由虚拟机管理器在硬件资源中的通用物理服务器上提供，虚拟机管理器将通用物理服务器与上层软件应用分开，多个虚拟机可以在同一个物理服务器上运行，最大化地利用硬件资源，即一个物理服务器的硬件资源可以被多个虚拟机共享。虚拟机管理器可以与云管理系统交互，实现对虚拟机的创建、删除等操作，以及故障管理、性能管理等功能。

虚拟网元功能是传统电信设备在网络功能虚拟系统中的展现形式，虚拟化网络功能（Virtualized Network Function，VNF）可部署在一个或多个虚拟机上，提供电信系统所需要的功能。VNF 所提供的网元功能与非虚拟化时的网元功能应保持一致，与其网元实体的接口与非虚拟化时的接口也应保持一致。

EMS 通过北向接口与网管系统相连，提供配置管理、告警管理和性能管理等功能。

VIM 负责虚拟化基础设施管理，主要功能是实现对整个基础设施层资源的管理和监控。包括硬件资源的管理和虚拟资源的管理两大类。

（1）硬件资源的管理。配置并管理机框等设备，监控机框电源、风扇等关键部件状态；配置并管理路由器、交换机、防火墙和负载均衡器等设备，包括添加、删除、更改和查询路由器、交换机、防火墙和负载均衡器等设备信息；监控路由器、交换机、防火墙和负载均衡器的运行状态及使用情况；自动或手动识别、配置并管理物理服务器，包括添加、删除、更改和查询物理服务器等设备信息；监控物理服务器 CPU、内存、磁盘及网卡等关键部件的状态，以及 CPU 利用率、内存利用率、网络入口带宽、网络出口带宽、磁盘读取速率、磁盘写入速率、CPU 温度等信息；接入并管理外接磁盘阵列(包括 IP-SAN 等)，包括增加、删除、更改和查询外接磁盘阵列等设备信息；监控磁盘的状态及容量使用情况；采集硬件资源的告警信息，并能够上报到 NFVO。

(2) 虚拟资源的管理。配置并管理虚拟机，包括虚拟机的创建、删除和查询等；虚拟机镜像文件的管理，包括添加、修改、删除和查询等；监控虚拟机的运行状态，以及虚拟机的 CPU 占用率、虚拟内存使用率、虚拟磁盘占用率、虚拟网卡的吞吐率等；VIM 可选支持虚拟机迁移；采集虚拟资源告警信息后能够上报到 NFVO。

VNFM 负责 VNF 实例的管理。VNFM 具有以下功能：VNF 实例的生命周期管理，包括实例化、删除、查询、扩容/缩容、终结等；提供基于业务容量模型的 VNF 自动部署和手动部署能力，能够自动或手动完成 VNF 的实例化；支持 VNF 软件包管理，VNF 软件包包括 VNFD、GUEST OS 镜像文件及 VNF 软件镜像文件，VNF 软件包管理包括 VNF 软件包的上载、更新和删除；VNFM 应根据 VNF 的资源利用情况，发起扩容/缩容等操作；VNF 所用虚拟资源，以及虚拟资源的性能数据/事件的采集；VNF 业务所使用虚拟机故障信息的采集。

NFVO 负责提供硬件资源和虚拟资源的视图，实现对硬件资源和虚拟资源的监控、性能统计和故障管理，并控制 VNFM 实现 VNF 软件包的管理，以及 VNF 实例的创建、更新、终止和弹性伸缩。它还能提供管理接口供操作员进行云管理系统的本地维护，支持网络服务的加载、部署，并可与 OSS 协同，完成对网络服务的管理。

6.1.4 NFV 的挑战

在对网络功能虚拟化方向有兴趣的研究人员向前推进这个方向时，也发现了一些需要被关注和处理的挑战。

1. 可移植性/互通性

在不同的标准数据中心中调用和执行虚拟化设备的能力，是由不同的供应商交付给运营商的。其难点在于定义一个标准统一的接口，用以清晰区分软件实例和底层硬件，就像虚拟机和虚拟层之间所体现的那样。可移植性及互通性非常重要，它能使不同的虚拟设备供应商和数据中心的供应商维持不同的业务系统，同时每个业务系统又能够明显地相互关联和依赖。可移植性还允许运营商在优化虚拟设备的位置及所需资源方面不受限制。

2. 性能上的平衡

因为网络功能虚拟化是基于业界标准服务器来实现的(放弃了许多专用硬件，如硬件加速引擎)，这会为客户带来可能的性能下降。那么工作的挑战就在于，如何使用适当的虚拟层及现有软件技术来尽可能地保持性能指标不至于下降太多，这样会使得在延迟、吞吐量和进程处理上受到的影响最小化。底层平台可提供的性能必须清晰、明确地标识出来，这样虚拟化设备就能知道能从底层得到多少运算能力。合理的技术选择将不仅能够使网络控制功能虚拟化，而且可以使数据和用户层面的功能虚拟化。

3. 从传统设备迁移并与现有系统兼容

网络功能虚拟化的实施必须要考虑与网络运营商的原有网络设备的共存,并且要能够与现有的网元管理系统、网络管理系统、OSS/BSS,以及某些现有 IT 设备所兼容(这些设备可能整合了部分网络功能)。网络功能虚拟化的架构必须支持从现有的专有物理网络设备升级至未来更为开放、标准化的虚拟网络设备方案。换句话说,网络功能虚拟化必须能够工作在一种传统物理网络设备和虚拟化网络设备相结合的混合模式下。因此虚拟设备必须支持北向接口(用于管控)和提供同样功能的物理设备接口。

4. 管理和业务流程

管理和业务流程的一致性需要保证。在开放和标准的架构下,网络功能虚拟化通过提供软件网络一体设备的方式,快速地将北向接口的管理及业务与定义好的标准和需求统一起来,这将极大地减少把新虚拟设备整合进网络运营商操作环境所需要的成本和时间。SDN 可以进一步简化系统中数据分组和光交换之间的整合技术,例如,虚拟设备或者网络功能虚拟化架构可以利用 SDN 来控制物理交换机之间的转发行为。

5. 自动化

只有所有的功能能够自动完成,网络功能虚拟化才能做到可扩展。流程的自动化是成功的一个首要因素。

6. 安全性

当网络虚拟功能被引入时,需要确保运营商的网络安全性及可用性不受影响。我们最初的期望是,网络功能虚拟化能够通过允许网络功能失败后的按需重建来提高网络的安全性及可用性。如果底层基础架构(尤其是虚拟层及其相关配置)是安全可靠的,虚拟设备的安全性应该和物理设备一样。网络运营商将会寻求利用一些工具来控制和检查虚拟层的配置,也会对虚拟设备做安全认证。

7. 网络稳定性

在管理和应用大量来自不同硬件供应商及虚拟层的虚拟设备时,网络的稳定性应确保不受影响。这一点在很多场景下非常重要,例如,虚拟功能被迁移,或者在一些再重做配置的事务处理中(如在硬件或者软件失效后的恢复过程中),或者网络攻击。这种业务上所面临的挑战并非网络功能虚拟化所特有的,也有可能发生在当前的网络环境中,这取决于一些不可预期的控制与优化机制的场景,例如,在底层传输网络上或者更高层面的组件上(如流控、阻塞控制、动态路由或分配等)。需要留意的是,网络不稳定情况的出现会有严重的影响,例如影响性能参数,甚至使性能恶化,或者有损资源使用的优化。确保网络稳定性的机制即将进一步为网络功能虚拟化带来好处。

8. 运维简单

应确保虚拟化后的网络平台比现有的环境更易于操作管理。对于网络运营商而言,一个首要并且非常有意义的关注点就是运维管理的简化,其中包括对各类复杂的网络平台以及在网络技术领域经过数十年发展的支持系统,同时还要持续支持重要的业务支撑服务,以确保主营业务收入。很重要的一点是,要避免为了解决一个运维上的麻烦而忽略了另一个同样重要的问题。

9. 整合

将各类虚拟设备无缝地整合到现有的行业标准服务器及其虚拟层中,是网络功能虚拟化的难点所在。网络运营商需要有能力从各类不同的供应商中选择服务器、虚拟层、虚拟设备并将其整合,且不会带来过多的整合成本,也不至于被单一供应商绑定。这个生态系统应该能够提供集成服务、维护,以及第三方的支持;它必须有能力去解决涉及多方的集成问题。这个业界生态系统需要有机制来确保认证新的网络功能虚拟化的产品,也必须找到或者开发出合适的工具来面对这些问题。

6.1.5 NFV 的发展前景

NFV 是运营商从维护自身利益的角度提出的新的设备架构,大部分运营商都愿意支持 NFV 的方向,这个方向就是通过标准的 IT 虚拟化技术,把网络设备统一到工业化标准的高性能、大容量的服务器,交换机和存储平台上。NFV 作为一种新生的设备架构和产品形态,体现了运营商对通信设备虚拟化的需求,但同时也和 SDN 等技术相辅相成,共同作用带来通信产业的变革。

作为 ICT 融合与网络重构的核心技术,NFV 以虚拟化和云化技术为基础,能够实现业务的快速部署与自动化运维,从而成为目前主流运营商推进网络转型的首选。但是,长期以来,由于技术难度复杂等诸多原因,NFV 推进速度一直慢于 SDN,成为妨碍网络重构实现的最大阻力。

未来,中国 NFV 市场呈加速发展态势,SDN/NFV 的市场将会覆盖数据中心组网、DCI 互联、光网络、接入网、移动核心网、IMS 等领域,国内市场规模接近 2500 亿,产业规模效应初显。中国 NFV 产业将处于以技术竞争、试点应用、理念培育为特征的发展初期阶段。发展重点是推动技术架构的统一、接口的标准化,推动符合电信级要求的产品逐步成熟,打造开放系统平台,推进多厂商的集成。未来 5~10 年,中国 NFV 产业将进入以技术成熟、规模部署、运营变革为特征的融合应用阶段。届时,开放网络目标架构更加清晰,平台和接口标准化程度更高,产品和解决方案日益成熟,合作共赢的产业生态基本形成。

NFV 的部署将是一个渐进的过程,未来几年,传统网络和 NFV 将共存发展,NFV 将按照"需求导向,业务驱动,效率优先,从易到难"的原则,先在业务(如 AS、RCS)层面和控制面网元(如 IMS、MME)部署,然后再在转发和媒体层部署。

NFV 作为一种新生的设备架构和产品形态,体现了运营商对通信设备虚拟化的需求,但同时也和 SDN 等技术相辅相成、共同作用,带来通信产业的变革。

6.2 NFV 的应用场景

6.2.1 NFV 用例概述

已发布的 NFV 用例文档描述了 NFV ISG 各成员提出的 NFV 可能的应用场景,介绍了一些 NFV 可用的应用场景。

虚拟化消除了网络功能(NF)和硬件之间的依赖关系,为虚拟化网络功能创建了标准化的执行环境和管理接口。这导致多个 VNF 以虚拟机的形式共享物理硬件。硬件进一步汇集为 VNFs 的一个庞大而灵活的共享 NFV 基础设施(NFVI)资源池,这和云计算基础设施很像。这将创建类似于 IaaS、PaaS 和 SaaS 的类似云计算的服务方式。其中,VNF 所有者不一定拥有运作和经营的 NFV 基础设施。

NFV 用例的概述如图 6-2 所示。

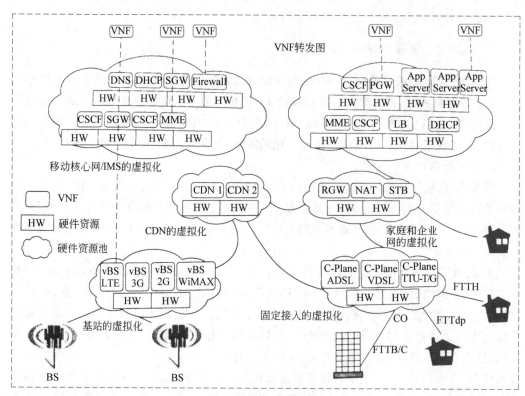

图 6-2　NFV 用例概述

在已发布的 NFV 用例文档中,介绍了 9 个不同的用例,涵盖了无线接入、固网接入、企业/家庭、CDN、核心网、数据中心等不同场合。运营商根据自己的网络实际情况,选择这 9 个场景中的一个或者是多个,或者在这 9 个以外的场景中进行应用。

场景 1:NFVIaaS

NFVIaaS 允许服务提供商在提供给终端用户的独立管理的 NFV 基础设施上进行服务的提供保证及收费。功能类似云计算 IaaS,可以编排涵盖虚拟和物理网络、计算及存储功能的各种虚拟设备。与传统的 IaaS 不同,NFVIaaS 基于 ETSINFV 标准接口,包括一个信息模型和多个网络服务接口,使得 NFVI 可以跨多个服务提供商所在的多个管理域。

场景 2:VNFaaS

VNF 通常被认为在网络运营商的私有云模型上执行,而 VNFaaS 能够提供远程网络功能。类似于云网络 SaaS 应用,VNFs 为一个服务,订购者只需要支付服务接入费用,不需要关心服务托管的基础设置的费用。

场景 3：VNPaaS

VNPaaS 模型给用户提供了更宽泛的控制，用户能够进行多个 VNF 实例的配置。NPaaS 使用的编程开发工具允许订购者创建和配置 ETSINFV 兼容的 VNFS，从而可以扩大服务提供商提供的 VNFs 的目录。这使得所有第三方和常用 VNFS 可以在 VNFFG 中实现可编程。

场景 4：VNFFG

VNFFG（VNF 转发图）在 VNF 之间提供了逻辑连接，可定义数据分组的传输路径。网络服务提供商提供的基于基础设施的云服务（如 IaaS）需要编排和管理虚拟化服务平台（如 VNF）和物理设备之间的业务流，从而为终端用户提供完整的服务。

场景 5：移动核心网的虚拟化

移动核心网的虚拟化（Virtualization of Mobile Core Network）能够降低网络复杂性，减少费用，并提供更高的网络使用率及服务质量，主要虚拟化目标是 4G 核心网络（EPC）功能和 IP 多媒体子系统（IP Multimedia Subsystem，IMS）网络功能。

场景 6：移动通信基站的虚拟化

移动通信基站的虚拟化（Virtualization of Mobile Base Station）是指将部分的无线接入网（Wireless Access Network，WAN）结点虚拟化，采用标准 IT 硬件设备。主要虚拟化目标是传统 WAN 结点，能够获得更低的能量消耗、更便捷的管理操作，而且可以更快地投入市场。

场景 7：家庭环境的虚拟化

家庭环境的虚拟化（Virtualization of the Home Environment）会大量减少现今家庭服务中的后端系统设备，只需要一些简单的物理连接，就可带来更低的设备成本。主要虚拟化目标是家庭网关和机顶盒。

场景 8：VCDN

VCDN 即 CDN 的虚拟化。现今的 CDN 缓存结点通常是专用物理设备，这会带来很多弊端。虚拟化的目标是 CDN 的所有组件，但会优先考虑 CDN 缓存结点。

场景 9：固定接入网络功能的虚拟化

固定接入网络功能的虚拟化（Fixed Access Network Functions Virtualization）首先应用到光纤到交换箱（FTTCAB）、光纤到分配点（FTTDP）这类混合 DSL 结点，最终形成一个单独的平台，来服务不同的应用、用户和租户。

以上 9 方面应用中，前 3 个是分别映射到云计算领域的 IaaS、PaaS 和 SaaS，后续的几个应用场景分别对应着电信网络的 IMS 核心网、分组域核心网、流量处理和接入网领域。

6.2.2　移动核心网虚拟化

1. 移动核心网虚拟化分析

根据设备的功能特征，核心网设备可以分为控制面设备、用户数据面设备和媒体转发面设备。控制面设备包含 CSCF、电话应用服务器 TAS、MME、SCP、MSC 等，主要处理信令消息、控制呼叫和业务过程；用户数据面设备主要包含 HSS、PCRF，主要存储用户的业务数据、签约数据、认证和鉴权数据,对于数据的可靠性、读写速度要求较高;媒体转发面设备主要包括会话边界控制器(SBC)、P/S-GW、MsGW 等,主要处理数据分组的转发、编解码转换、数据流的加密等,对数据分组的转发性能要求较高。

网络功能虚拟化是指在传统的电信设备中,引入了虚拟机以实现电信应用与硬件的解耦。由于引入了虚拟机,不可避免地带来了一定的性能损失。由于电信网络对性能、可靠性的要求较高,这对虚拟网元的性能实现带来了较大的挑战。虚拟化之后,如果不加优化,虚拟机的 I/O 处理能力下降比较严重,难以满足媒体转发面大量分组处理的要求。针对这种情况,英特尔等厂商提出了单根 IO 虚拟化技术(SRIOV)、数据平台开发套件(DPDK)技术来优化虚拟机的 I/O 处理性能,取得了显著的成果,但主流厂商的商用产品尚未成熟,同时对于数据流的加解密处理,相比传统的实现方式,仍需提升性价比。用户数据面设备有较多数据读写操作,通常这部分功能依赖于少数厂商提供的高性能数据库和磁盘阵列,这些年厂商在去 IOE 方面做了许多工作;在 HSS 中,大多数厂商已经能够做到不依赖于专用数据库,但数据库虚拟化之后的性能、稳定性、可靠性仍有待验证。相对而言,控制面设备主要是控制用户业务的状态机,业界现有的虚拟化技术经过优化之后基本能够满足要求,厂商的产品成熟度也比较高。综合上述分析,移动网络的网络功能虚拟化可以优先从 IMS 控制面开始,逐步扩展到用户数据面和分组域。

2. 移动核心网虚拟化技术分析

网络功能虚拟化使电信设备的网络功能软件和硬件得以解耦,运营商第一次可以实现硬件资源和网元功能的分开采购,对硬件资源、虚拟资源可以统一管理和调度,赋予了运营商前所未有的灵活性。但是,也应该看到,传统电信设备的高可靠性、高性能是由电信厂商保证的。网络功能虚拟化之后,由谁来保证电信设备的高可靠性、高性能,以及系统故障之后如何做故障定位,将是运营商面临的重大挑战。

对于电信运营商来说,虽然从技术上来说,硬件层、虚拟资源层、虚拟功能网元层可以解耦,但从网络实施的角度来看,是否要实现 3 层的完全解耦需根据实际情况分析。从实现的层面看,存在 4 种实现方案。

(1)硬件、虚拟软件、虚拟功能网元由同一厂家提供。其特点在于软件、硬件均由同一厂商提供,与传统电信设备的提供形式相同,由厂商负责系统的可靠性和性能,最大程度降低了运营商的风险;仅在单厂商系统内部引入了虚拟化资源层,可以实现单厂商内部的资源共享和协同调度。但这种方案本质上仍然是封闭的系统,不利于形成开放的产业链,也不利于充分发挥虚拟化的优势。

(2)硬件和虚拟资源软件由一个厂家提供,虚拟网元功能软件由另外一个厂商提供。此方案能够实现虚拟资源的共享,系统调度灵活,能够发挥虚拟化的优势,形成开放的产业链;但这种方案将虚拟功能网元和虚拟资源解耦,势必带来虚拟功能网元的故障定位和性能优化问题。由于虚拟功能网元和虚拟资源层分别由不同的厂商提供,如果系统出现故障,如何协调两个厂商,快速定位并解决问题,将是运营商面临的巨大挑战。

(3)将虚拟资源层和虚拟功能网元层打包在一起由同一厂商提供,硬件则由运营商选择其他厂商提供。由于对硬件的故障定位相对于虚拟机要简单,此方案的故障定位和性能优化问题将大幅简化,对运营商的技术要求相对低一些,在现阶段可行性更高。

（4）将硬件、虚拟资源层、虚拟功能网元完全解耦，可以看作第二种和第三种方案的叠加。此方案可以获得最大限度的灵活性，可以对硬件资源、虚拟资源实现快速调度和灵活管理，同时也将带来最复杂的故障定位和性能优化问题。此方面业界已有一些运营商在尝试和探索，但距离商用尚有距离。

综合来看，网络功能虚拟化的技术方案各有优缺点，不同的运营商根据自身情况可能会有不同的选择。

6.2.3 云数据中心网络

1. NFV 改变大型数据中心的现状

理论上，NFV 应使数据中心更加灵活，简化设备的配置和交叉混合网络技能的操作，使网络和业务人员之间的区别变小。网络功能虚拟化主要是在物理设备需求和传统的网络设备的本身性质的改变，NFV 使网络更加灵活，允许数据中心动态地重新定位、重新配置，在商用硬件上实时扩展网络功能和服务。NFV 的一个更大趋势是，将传统 IT 功能的专用硬件向软件化转变。

网络功能的虚拟化是将更高的层（L4～L7 层）发展，通过网络功能（如负载均衡与防火墙）将它们从嵌入式网络设备放进软件，而数据中心可以部署通用服务器。网络功能虚拟化是 NFV 运营商和移动运营商和由欧洲电信标准协会标准化驱动的一种具体形式。

在网络上，NFV 允许路由器、防火墙、应用系统、终端设备和任何其他网络功能运行在共享服务器上，它们按需划分为虚拟机软件。通过引入 NFV，用软件定义网络，可以把这些服务上的软件运行在任何实体服务器上，从而可以有更好的资源管理，降低 CAPEX 和 OPEX，并提高配置。

NFV 将减少特殊的设备数量，这包括设备所需的机架和电缆。数据中心运营商会意识到他们可以更快地部署企业所需的设备，而不需要花时间在采购、运输、安装和配置这些硬件设施上。对于数据中心的经理来说，NFV 也会有一些不确定的问题，例如，需要系统、存储和应用等各组运维团队了解网络的概念。

目前，云数据中心实现网络的敏捷性无外乎 SDN 与 NFV。SDN 给数据中心安全带来一个契机，原来模糊的边界因为 SDN 变成一个有结构的网络，使得安全能够重新找到一个着力点。另外，它能够使网络资源和存储资源和计算资源一样，被用户分割使用。

NFV 的发展正在从单虚拟机向多虚拟机发展，向分布式发展。首先性能可以弹性扩展，通过将多个 VM 集成以后提供给很多租户，达到资源更好地利用。分布式带来一个好处，它解决了 NFV 想要达到的这个目的，而且能够在云的弹性环境下实现这个功能。

2. 云数据中心的网络功能虚拟化

云数据中心是指基于云计算技术构成的数据中心。为了适应虚拟机在数据中心内的灵活创建、迁移、隔离等业务需求，云数据中心网络要求能提供给租户按需即时开通、大量并发配置、二层联通、虚拟网络隔离的能力。当前，云数据中心典型的创新应用是虚拟私有云（Virtual Private Cloud，VPC）和业务链（Service Chaining）业务，这两类业务给现有网络带来了巨大挑战。

　　云数据中心网络虚拟化可通过 Overlay 方式全面屏蔽底层物理网络设施,以软件方式实现底层物理网络的共享和租户隔离,实现针对每个租户的单独网络定义(组网、流量控制、安全管理等)。云数据中心资源管理平台通过应用编程接口(API)接入 SDN 控制器,通过可编程方式实现多租户网络的灵活部署(包括跨数据中心部署)。云数据中心虚拟化应用场景如图 6-3 所示。

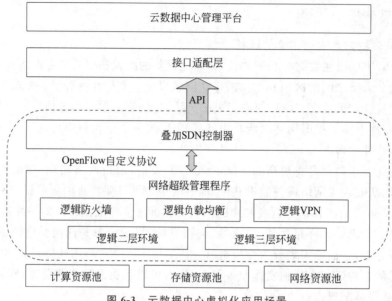

图 6-3　云数据中心虚拟化应用场景

　　云数据中心网络虚拟化方案不需依赖底层网络,可以灵活实现不同租户的安全、流量、性能等策略,实现多租户模式,基于可编程能力实现网络自动配置。但是引入 Overlay 后可能使得网络架构复杂化,并且物理网络无法感知逻辑网络,而通过软件控制逻辑网络也会对网络性能产生一定影响。

6.2.4　家庭网络虚拟化

　　家庭网络虚拟化是将家庭网络中的家庭网关、机顶盒设备中控制面功能及业务处理功能(如防火墙、地址管理、设备管理、故障诊断等)分离出来,虚拟化后迁移到控制器侧或云端,HG 及 STB 设备上仅保留物理接入接口(广域网口、局域网口、USB 接口等)以及数据面二层转发。家庭网络虚拟化场景如图 6-4 所示。

　　家庭网络虚拟化一方面可以简化用户侧设备,运营商不需要对 STB 和 HG 进行持续的维护和升级,通过采用远程方式即可为用户提供网络故障诊断服务,便于故障诊断和修复,提升业务可管理性并降低能耗;另一方面可以提高业务部署的灵活性,运营商可更快速简单地部署新硬件/软件,从而可以为未来新业务的快速部署开放提供能力,缩短了新业务市场的响应时间。

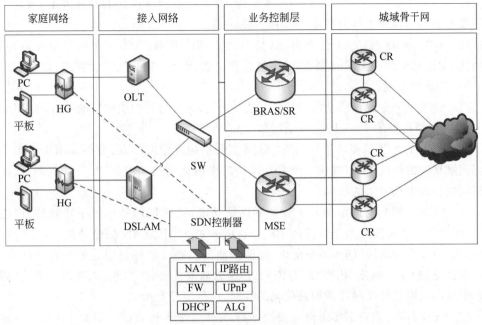

图 6-4 家庭网络虚拟化场景

6.3 NFV 的标准组织

2012 年 10 月,AT&T、英国电信 BT、德国电信、Orange 等 7 家运营商在欧洲电信标准协会发起成立了一个新的网络功能虚拟化标准工作组。2012 年 11 月,NFV ISG 正式成立。ISG 的使命是制定符合 NFV 和 SDN 技术的通用行业标准。

NFV ISG 并不规定实施 NFV 的具体技术细节,而是提供 NFV 的架构及技术需求,以作为其他标准组织的相关技术规范的基础。NFV ISG 中的重要人物也是其他标准化组织的成员,他们对组织间的合作起着促进作用。NFV 白皮书 2.0 主要介绍了 ETSI 的 NFV 组织的进展,包括 NFV ISG 的组织和架构;接着进行 NFV ISG 的进展报告,包括组织规模和主要成果;然后用较大的篇幅介绍了目前 NFV ISG 已经发布的一些技术文档,有望被其他标准组织的相关标准化工作。2012 年 10 月 22—24 日,13 个全球顶级运营商在德国达姆施塔特的 SDN 和 OpenFlow 世界大会上首次发布 NFV 白皮书。为加快 NFV 产业化进程,运营商推动在 ETSI ISG 下成立了一个 NFV 项目。NFV 目前最大的吸引力是降低成本,提高管理、维护、网络及业务部署效率,节能以及未来的开放、创新能力。

NFV 主要下设 1 个委员会(TSC)、4 个工作组(INF、MAN、SWA 和 REL),以及 2 个专家组(PER、SEC)。

(1) TSC 的职责是根据网络运营商理事会和 ISG 主席提供的指导,在 ISG 中监控和协调各工作组的技术工作。TSC 由 ISG 技术经理主持。评论 WG 技术输出,以确保技术的一致性。确保 WG 技术输出告知,并与其他工作组的输出兼容。

（2）INF 负责提出一个 NFV 的参考架构，并提供架构虚拟化的具体方案，确定虚拟机管理器和网络城域之间的界限、域间能力以及用例。

（3）MAN 应在制定 ETSI 交付 NFV 基础设施的基础上，专注于网络服务的部署、实例化、配置和管理相关的问题，如抽象模型和 API、调配和配置、经营管理，以及与现有的 OSS/BSS 的互通。

（4）SWA 负责定义网络功能虚拟化的软件架构，定义与其他工作组的接口，如 MANO 和 INF，并保留传统的 OSS 与 BSS 的接口。

（5）REL 的主要职责是了解网络功能虚拟化的弹性空间问题；分析使用案例来评估不同网络功能的弹性需求；提供一个具有弹性的虚拟化网络功能框架；设计机制，以防止虚拟网络功能引入带来的故障。

（6）PER 了解当前选定的基于软件的网络功能（或它们的基本的子功能）的性能限制，这些网络功能可能是基于软件的 BRAS、Open vSwitch、RAN 信令处理模块、EPC 组件的 OpenFlow 控制器、DPI 捕获模块、加密功能等。确认这些性能受哪些软硬件限制，如可能会受到 CPU 速度、内存/缓存限制、PCI 的局限性、内部总线、磁盘访问等的限制，并确定可以克服软件控制瓶颈的最优化的性能，进行实验室测试。

（7）SEC 支持 NFV 工作组建立安全体系，提供安全审查和最佳的安全建议。确定方法使得引入 NFV 可提高网络安全和业务安全。

6.4　SDN 及 NFV 的探索

6.4.1　SDN 与 NFV 之间的关系

从 SDN 以及 NFV 的基本概念和思想可以看出，SDN 和 NFV 都采用了控制与承载分离的思想，并都试图通过软件定义的形式实现基本控制功能。

NFV 白皮书 1.0 给出了 NFV 与 SDN 之间的关系，如图 6-5 所示。NFV 与 SDN 是高度互补的，但并不完全相互依赖。NFV 可以不需要 SDN 而独立实施，不过，这两个概念及方案是可以配合使用的，并能获得潜在的叠加增值效应。

图 6-5　NFV 与 SDN 之间的关系

NFV 的目标可以仅依赖于当前数据中心的技术来实现，而不需要应用 SDN 的概念机制。但是通过 SDN 模式实现的设备控制面与数据面的分离，能够提高网络虚拟化的实现性能，易于兼容现有存在的系统，并有利于操作和维护工作。

NFV 可以提供允许 SDN 软件运行的基础设施来支持 SDN，而且 NFV 与 SDN 有一个共同的实现方式：使用通用的商用服务器和交换机。

经过总结，SDN 与 NFV 最基本的区别及关联体现在以下几方面。

（1）NFV 的核心关键词是网络功能的虚拟，SDN 的核心关键词是软件定义网络。也就是说，NFV 的落脚点在传统电信网络的网元功能实现的变革上，而 SDN 的落脚点体现在 IP 网络策略及路由转发的软件集中控制上。

（2）NFV 与 SDN 没有直接的关系，二者的着眼点不尽相同，其应用场景在很大程度上是不重 就是说，两者有一定的互补性，但并不相互依赖。例 ⋯⋯ 构上，可以通过 SDN 控制 NFV 架构中各虚拟网元 ⋯⋯

（3）⋯⋯ 技术不是 NFV 架构中必须部署的技术。但对于规 ⋯⋯ SDN 技术控制和均衡各虚拟机资源，以便更好地进 ⋯⋯ 更加可控。

（4）⋯⋯ 构，其相应的 SDN 控制器也可以设置在 NFV 架 ⋯⋯

6.4.2 ⋯⋯

1. ⋯⋯

根 ⋯⋯ 现阶段 NFV 技术对于传统电信网络（CS、IMS、E ⋯⋯ 本上没有影响，主要原因如下。

（1）⋯⋯ 在网形态有较大的改变，即由传统软硬一体化网元 ⋯⋯ 能网元，每个功能网元在逻辑上与传统网元的功能 ⋯⋯

（2）⋯⋯ 元一样有容量上限的限制，网络扩容需要以新增逻 ⋯⋯ 版本基于 NFV 架构的 CSCF 设备（IMS 中核心网 ⋯⋯

（3）⋯⋯ 接口及链路配置，只是由原来的实体接口/链路变为 ⋯⋯

（4）⋯⋯ 需在业务层面考虑并实现，NFV 架构主要考虑站点 ⋯⋯ 可靠性。即网元间组 Pool、异地容灾备份等网络级 ⋯⋯ 层面的机制实现。

虽 ⋯⋯ 结构、路由组织和数据设置原则总体不变，但是新增 ⋯⋯ 配置与管理方面需要新增加针对虚拟机编号、地址、⋯⋯ 容由于大量接口及功能的国际规范未完成而尚不明确。

2. SDN 对组网的影响

SDN 如果在网络中应用，以下两方面对组网会产生影响。

（1）总体网络架构发生变化。网络从功能上分离成控制、转发两个层面，需要新增控制与转发层面的组网。在转发层面，与当前的 IP 网络及 IDC 内部相类似，仍可依照规模及功能分为接入、汇聚、核心 3 个层面。

（2）节约网络资源。通过资源灵活调度，可以均衡使用并节约网络资源，转发层面的端口、链路数量比当前网络的需求要相对少一些。

6.4.3　SDN/NFV 的机遇和挑战

作为新兴的网络技术,SDN/NFV 不可能是尽善尽美的,在其逐步研究和实验部署的过程中,也发现了一些值得关注的问题,有待研究解决。

1. 接口/协议标准化

主导 SDN 的 ONF 也开始强调驱动,对于南向接口不再局限于 OpenFlow,同时北向接口以 RESTful 为主,希望借助 IT 的思路并采用模型/模板的方式,通过每个厂商公布的模型,就可以实现互通和控制。在 SDN 应用层的实现上,VMware 和 OpenStack 各成体系,非常类似于手机操作系统中的 iOS 和 Android。为此,SDN 标准体系是否要统一或能否统一还存在争论。

2. 安全性

SDN 的集中控制方式及开放性将使得控制器的安全性成为潜在风险,需要建立一整套隔离、防护和备份机制来确保其安全稳定运行。具体来说,控制器本身的安全(如健壮性、单点故障)、控制器和应用层之间的安全(如授权及认证、安全隔离)、控制器和转发设备之间的安全(如数据通道安全、访问控制一致性)都缺乏有效的解决方案。

3. SDN 硬件设备性能

现有 ASIC 芯片架构都是基于传统的 IP 或以太网寻址和转发设计的,无法在 SDN 架构下维持设备的高性能,特别是基于 OpenFlow 的专用芯片架构及实现方案还有待开发。通过实验室测试发现,许多组网关键指标(如流表容量、流表学习速度、流表转发速率、转发时延)在不同厂商设备上的差异极大,难以达到商用标准。

4. 集中控制理念

SDN 的集中控制理念在网络控制架构体系方面还没有得到一致的认同,需要进一步研究明确控制架构的层次划分和控制层面的组成。在控制器实现方式上,除了之前提到的多样化的问题,还存在网络不同域中的控制器层次架构不一致的情况,如在数据中心中采用单层架构、在移动核心网中采用三层架构等。同时,南向接口中除了支持 OpenFlow 外,还存在多种选择,如 BGP、SNMP 等;在北向接口方面,ONF 也明确了不同的场景将使用不同的北向接口;而对东西向接口的研究工作刚刚开展,暂时没有较为一致的认识。

5. 互操作性

各厂商对 SDN 标准的支持程度有差异,实现互操作有一定难度。仅以相对标准化程度较好的 OpenFlow 为例,不同版本协议也存在兼容性问题,如使用最多的 OpenFlow 1.0 和 OpenFlow 1.3 就不能兼容;而且不同厂商实现 OpenFlow 时功能上取舍不一,迫使 ONF 不得不推出 OpenFlow 1.0.1 一致性认证。

6. 云服务网络需求

作为 SDN 典型应用的云数据中心场景,现有开源的编排器尚不能很好地满足云计算服务网络需求,包括难以高效实现租户网络隔离,VXLAN 等叠加网络技术的配置复杂,不支持防火墙、负载均衡等基本网络功能与虚拟机组网的有机整合等。

可以看出,以 SDN/NFV 为代表和核心的云化网络代表着未来信息发展的重要趋势,特别是网络软件化和虚拟化已经开始影响整个网络世界的格局,不论是在标准化、设备和产业化方面,还是在实验开发和应用部署方面,都取得了重要进展,成为业界公认的发展趋势。

但是,不论是在技术还是产业链其他环节上,对于 SDN 和 NFV 来说,还有不少难题和挑战。只要产业链各方共同努力,对于上述问题进行针对性地研究和实验,通过实践不断完善和推进,其在商业模式、技术上都将给传统电信业带来了一定程度的颠覆。

6.4.4　SDN/NFV 的相关开源项目

经过几年的发展,SDN 形成了较为完整的产业链,出现了丰富的控制器、交换设备、虚拟化等产品和解决方案,并仍在不断推陈出新,用户需求也从数据中心网络扩展到园区网、城域网、接入网与传送网等多种场景。NFV 同样发展迅速,与 SDN 紧密结合,可给网络基础设施带来革新。

在 SDN 和 NFV 迅速发展的浪潮中,开放和开源逐渐成为产业的热点。开源项目 OpenDaylight 联合市场研究公司 Gigaom Research 在 2014 年发布了关于 SDN 和 NFV 的运营商开源市场研究报告,指出 95% 的运营商对开源 SDN/NFV 产品持积极态度,运营商用户在 SDN/NFV 部署中使用开源产品的主要动机是避免厂商锁定,以及降低网络设备采购和运维成本。此外,增强网络软件功能、降低网络和网络软件的管理难度、提高软件系统的互操作性等也是开源产品普及的驱动因素。用户希望在使用开源产品降低成本并获得产品控制权的同时,也希望能获得像商业产品那样的技术支持。

开源项目在推动产业发展和技术创新上发挥着巨大的作用,促进着产业生态的开放。开源和开放促进了企业组织之间的交流与合作,减少了各自重复性的工作和同质化的竞争,促进了产业生态多样化的健康发展。因此,SDN/NFV 不会由单一或少数几个厂商垄断技术和市场,而是向开源开放的趋势发展,逐渐形成具有行业标准的多样化生态系统。国际领先多设备商、运营商和互联网企业先后发起并参与了多个开源项目,很多标准组织也将开放合作作为战略路线的重要组成部分。

1. OPNFV

NFV 开源平台(Open Platform for NFV,OPNFV)是一个聚焦于发展 NFV 的开源平台项目,它由 Linux 基金会成立于 2014 年 9 月,旨在提供电信级的综合开源平台以加速新产品和服务的引入,建立 NFV 生态链,构建事实标准,促进多厂商互通和 NFV 部署。OPNFV 由运营商主导,此外,主流的通信厂商、IT 厂商、云系统商和器件商也是技术的主要贡献者。OPNFV 项目启动之后的 8 个月中,已经得到了 100 多个厂商的关注,包括网络运营商、解决方案提供商和一些供应商。OPNFV 社区也已快速形成,该社区已经为构建 NFV 解决方案要求的两个项目创建了流程。目前有 57 个公司参与到了这项工作中,它们对于解决如何采用一个标准的、开放的方式部署 NFV 平台这一问题有着不同的观点,扮演了不同的角色。

OPNFV 的初始目标是提供 NFVI、虚拟化基础设施管理、API 和其他 NFV 要素,以及它们共同构成的虚拟网络功能所需的基础设施(VNFs)管理和网络业务流程(Mano)的组件。随着越来越多的标准与开源项目结合起来,OPNFV 将与这些项目合作,来协调持续集成并测试 NFV 解决方案。

OPNFV 项目的模式是"平台＋子项目",由技术指导委员会(Technical Steering Committee,TSC)负责。OPNFV 将子项目分为 4 类,即文档、需求、集成与测试、合作开发。其中,合作开发包括与上游其他开源项目、产业论坛、标准组织等合作的项目。OPNFV 将使业界合作促进 NFV 的发展进步,并且确保一致性、性能和互操作之间的虚拟网络基础设施。

2015 年 6 月,OPNFV 项目正式公布了第一版 NFV 开源框架 Arno,不仅为电信服务供应商及开发者提供了一个整合性的开放源码平台,加快了测试和部署各式虚拟化网络功能的进程,也协助企业从 NFV 应用及服务测试走向商用市场。目前,该版本已正式开放提供下载使用。Arno 不只是第一个针对 NFV 推出的开放源码平台,也可为开发者提供更便于开发和部署 NFV 的环境,除了能在 Arno 上部署自家或来自第三方平台的虚拟化网络功能,作为测试各种流量使用情境的效能及功能外,Arno 平台也支持多个开源专案,包括 Ceph、KVM、OpenDaylight、OpenStack,以及 Open vSwitch 等技术。例如,可以通过 Arno 的协助实现持续整合、自动化部署和元件测试等用途。

2016 年 3 月 1 日,OPNFV 发布 OPNFV Brahmaputra,这是该开源社区发布的第二个平台。随着平台级 NFV 功能测试及用例的丰富,Brahmaputra 成为 OPNFV 首个在发布过程中完整进行大规模同步的平台。Brahmaputra 演示了在上游社区开发新功能的能力,能够解决整个生态系统中的多个技术组件问题,提升稳定性、性能、自动化和硬化特性。

随着越来越多的标准与开源项目结合起来,OPNFV 将与这些项目合作,来协调持续集成并测试 NFV 解决方案。

2. OpenStack

为打破 Amazon 和 VMware 等少数公司对公有云、私有云领域的技术垄断,2010 年由 NASA 和 Rackspace 合作发起了 OpenStack 开源项目,采用 Apache 2.0 许可授权,为公共云和私有云提供建设与管理软件,简化云的部署过程,并为其带来良好的可扩展性。OpenStack 以 Python 编程语言编写,支持 KVM、Xen、VirtualBox、QEMU、LXC 等虚拟化平台。

OpenStack 目前已在 IaaS 资源管理方面占据主导,成为公有云、私有云及混合云管理的"云操作系统"事实标准。国际上有很多使用 OpenStack 搭建的公有云、私有云及混合云,如 Rackspace Cloud、惠普云、MercadoLibre 的 IT 基础设施云、AT&T 的 CloudArchitec、戴尔的 OpenStack 解决方案等。国内企业对 OpenStack 的兴趣也在逐渐增加,京东、阿里巴巴、百度、高德地图等都参与了相关的开发工作。

OpenStack 由一系列相互关联的项目提供云基础设施解决方案的各个组件,核心项目包括 10 个:计算(Compute)——Nova、网络和地址管理——Neutron、对象存储(Object)——Swift、块存储(Block)——Cinder、身份(Identity)——Keystone、镜像服务(Image Service)——Glance、UI 界面(Dashboard)——Horizon、测量(Metering)——Ceilometer、编配(Orchestration)——Heat、数据库(Database Service)——Trove。

3. OCP

由 Facebook 发起的开放计算项目(Open Compute Project,OCP)基金会旨在为可扩展计算设计和开发高效的服务器、存储及数据中心硬件,降低能源消耗和成本。

不同于其他几个以软件为中心的开源项目,OCP 专注的领域是硬件设施。目前,OCP 有 8 个子项目,分别是一致性和互操作性、数据中心、硬件管理、高性能计算、网络、开放机架、服务器及存储。OCP 成员在各子项目领域推出了多种创新技术和产品。Facebook 和英特尔基于 Intel Xeon D 系列 14nm 级处理群,联合开发了名为 Yosemite 的 SoC 芯片,用来支持数据中心里高度并行的任务。另外,Facebook 还发布了名为 Wedge 的架项式交换机设计及其操作系统 FBOSS,以及开源主板管理软件 OpenBMC。惠普推出了 Cloudline 服务器,帮助需要运行大规模 IT 架构的运营商最大化数据中心效能,提升云服务敏捷性。OpenOptics MSA 创始成员公司 Mellanox 和 RANOVUS 向 OCP 提交了数据中心互联的 WDM 规范,是业界首个奠基性的针对 2km 1006 WDM 互通标准,不仅将加速基于硅光子的 WDM 数据中心解决方案的部署,也为下一代的数据中心互联方案带来了可升级的架构。Cumulus Networks 向 OCP 贡献了 ACPI 平台描述(ACPI Platform Description,APD)规范,作为网络硬件与操作系统集成的产业标准。

6.4.5 业界实践情况

随着互联网、电信运营商纷纷建设公众云,该领域的竞争和创新也变得日趋激烈。其中,互联网运营商较强的软件编程能力,使得他们在云数据中心网络领域的发展具备了技术优势。例如,亚马逊运营着全球最大的 SDN 公众服务云网络,谷歌完成了数据中心内 SDN+NFV 的最佳实践,而国内的青云、UCloud 等云运营商凭借创新的技术快速扩展了公众云市场等。

解决方案和设备提供商中,VMware、阿朗、Juniper 已推出以虚拟交换机 Overlay 为主的 SDN 解决方案,实现了数据中心内的租户隔离;华为提出了"软件交换机+硬件交换机"的 Overlay 解决方案;NEC 则提出了采用"软件交换机+硬件交换机"的纯 OpenFlow 解决方案。

在网络功能产品方面,网络设备厂家开始提供虚拟负载均衡器、虚拟防火墙、虚拟路由器等虚拟化产品,并支持 OpenStack 等资源池管理平台的标准 Plugin 调用,以用于在云数据中心集成,如 Brocade、Radware、Juniper、思科、F5 等。但是,NFV 产品的性能以及可靠性问题还需要进一步研究。

芯片提供商是决定基于 OpenFlow 的 SDN 能否走下去的最关键因素。目前,市场还没有专门支持 OpenFlow 的芯片。数据中心网络后进的芯片厂家(如盛科、MTK)采取了积极态度,尝试开发专门支持 OpenFlow 的芯片。Broadcom 采用过渡方案,在现有"Trident +"等系列基础上逐步升级 OF-DPA 技术,将已有的 MAC、FIB 表项作为具有一定限制的流表,以达到扩展流表的效果。

从云数据中心网络发展看,VPC 和业务链将是云网络业务发展的趋势。而承载这两类业务的主要实现方式将是 SDN 和 NFV 的协同产品。

国外领先企业与标准组织在开源项目技术架构与创新以及场景应用方面走在了前面,而国内 SDN/NFV 产业发展也非常迅速,在解决方案和一些应用场景上也有了较为领先的部署及考虑,应用场景也得到进一步明确和丰富并逐渐落地。但是,SDN 产业链设计的运营商、互联网公司、电信设备制造商、软件开发商以及硬件芯片厂商等各环节基于自身利益的考虑,而且对 SDN 的理解不尽相同,在采用的技术路线上没有达成业界共识。国外通过开源模式来整合各方优势资源推进技术发展,开源项目的推进将会给网络运营和使用者带来新的商业挑战。实力较为雄厚的网络运营和使用者会基于开源项目成果来研发自己的 SDN 解决方案,而一些传统的电信运营公司则会依赖设备供应商提供的解决方案建设网络。但是,不同的厂商基于开源项目成果开发的产品往往会存在不同的私有设计,如何在保持平台开放性的前提下允许不同的厂家完成自有竞争性的方案,对运营商的 SDN 商业部署将是一个挑战。

为了解决 SDN 技术和产业发展面临的问题,推动 SDN 产业生态繁荣,SDN 产业联盟在 2014 年 11 月成立,作为业界首个面向 SDN 商用的产业联盟,致力于聚集产业界各方资源,共同推动 SDN 技术、标准、产品和解决方案的应用推广。SDN 产业联盟一方面积极与各标准组织和开源项目合作;另一方面整合国内业界资源构建 SDN 开源生态圈。SDN 产业联盟在关键技术、标准化、互联互通及测试等方面发挥着平台作用,促进 SDN 技术应用与业务创新,积极推进 SDN 相关标准组织制定南北向接口的标准,实现开放的SDN 方案。此外,它还通过制定互通性测试规范,促进在商用场景下多厂商解决方案的互通。

1. 中国电信的 SDN/NFV 实践

在国内,中国电信成立了集团级的云计算重点实验室,以云数据中心为切入点,探索SDN 技术,希望借此解决云平台网络资源池的功能、性能、安全性、扩展性等核心问题,制定多数据中心跨地域组网方案,优化数据中心结点间的流量调度,同时探索利用 SDN＋NFV 技术提供面向云计算服务的网络增值业务。其中,中国电信股份有限公司北京研究院还自主研发了控制器等 SDN 核心组件,积极参考 Floodlight、Ryu、NOX、MUL 等开源技术实现,针对运营商数据中心需求设计控制器,可支持多租户网络、虚拟防火墙等典型网络服务。

2. 中国移动的 SDN/NFV 实践

为了提高 SDN 产品成熟度,2013 年,中国移动组织了国内首次多厂商大规模、系统性的 SDN 产品评测,共有国内、北美两地 20 多个厂商参加评测。测试报告对芯片、交换机、控制器提出了 10 余个厂商互通、性能方面的问题,以及 4 个标准化方面需完善的问题,主要包括:推动交换机厂商完善对 OpenFlow 1.0/OpenFlow 1.3 等南向接口协议的支持;推动控制器厂商完善可靠性、广播/多播等功能;推动芯片厂商扩展留表容量。

自主开发 SDN 应用,结合开源 OpenStack、SDN 控制器和交换机,搭建基于 SDN 的云数据中心网络,实现租户自配置、自监控、自管理的 VPC 业务需求。同时,结合 NFV技术实现虚拟防火墙、虚拟负载均衡器等功能。

自主开发 SDN 应用,搭建基于 SDN 的 IP 广域网络,通过定期感知网络流量情况,动态调整不同链路的负载,并按照灵活的调度算法保证高价值用户的服务质量。

开发 SPTN 原型系统,包括支持 OpenFlow 转发设备、开源控制器及 SDN 应用;与芯片厂商联合开发具有 OpenFlow 接口的 SPTN 芯片,支持通过 OpenFlow 进行流表建立和删除,实现 MPLS-TP 转发,并支持 PTN OAM 和保护功能。

中国移动总体规划了 SDN 的国际和国内标准化工作,在 ONF、IETF、3GPP、ITU、CCSA 等多个标准化组织发起立项、提交文稿,通过标准化的杠杆撬动产业力量;牵头推动 ONF 成立了 Carrier-Grade SDN 讨论组,并推动成为工作组,巩固了对运营商 SDN 发展方向的话语权;在 IETF 提出了 SDN/NFV 环境下对应用流量优化的场景和问题分析,并联合运营商和厂商对 SDN 移动性管理展开积极讨论;在 CCSA 中,联合国内产业力量,在 TCI、TCS、TC6 分别牵头制定了基于 FDN 的数据中心网络、FDN 北向接口、S-PTN、SAME 等 SDN 架构、技术要求相关的行业标准项目。

开放合作是互联网发展的基本理念和趋势,SDN 和 NFV 的诞生也是为了打破技术垄断,形成开放的市场格局,降低技术的成本和门槛,加速技术和产业创新。开源项目在开放的产业生态中发挥了巨大的推动作用,聚集多方力量协同开发基础架构并形成了事实标准,受到越来越多用户的青睐。SDN/NFV 标准组织同样意识到了开源开放的重要性,开始寻求转型。开源技术和产品仍面临诸多挑战,安全性、可靠性,以及缺少厂商的产品支持等都是开源生态中需要解决的问题。SDN 产业联盟将发挥平台作用,促进国内 SDN/NFV 开放产业生态的发展,协同业界共同解决互联互通、技术创新和商用部署等多方面的问题。

6.5 网络编排

6.5.1 网络编排归属

网络编排指的是以用户需求为目的,将各种网络服务单元进行有序的安排和组织,使网络各个组成部分平衡协调,生成能够满足用户要求的服务。网络编排实际上用网络抽象语言定义一个从用户到业务服务的网络管道的过程。编排后得到的、能满足自动化部署要求的网络服务需要具有快速部署、动态调整、重复使用的能力。

网络编排是一种策略驱动的可协调软件应用程序或服务运行所需的硬件和软件组件的网络自动化方法。编排的一个重要目标是自动执行网络请求的方式,并最大限度地减少交付应用程序或服务所需的人工干预。例如,如果云存储提供商通过其面向客户的网站收到 2TB 存储订单,则提供商的编排平台可将订单的要求转换为网络设备执行的配置任务。

网络编排允许网络工程师通过软件配置文件或使用控制平面可以理解的语言编写的策略来定义自己的网关、路由器和安全组。编排会使得工作流程自动化,因此这两项任务可以同时以编程方式执行,而不是一个人设置网络服务,另一个人部署应用程序。一些复杂的协调平台具有网络感知能力,可以使用分析来决定应该在何处部署特定资源以保持最佳网络性能。

网络编排的概念常常与网络自动化相混淆。通常,自动化用于描述低于这个管理任务的低级自动化,而编排用于描述具有大量依赖性的管理任务的自动化。编排允许网络根据需要进行扩展,使网络服务能够在多个设备上进行配置,并且可以根据需要部署资源,从而使网络更加灵活和快速响应。

6.5.2 网络编排原理

在云计算时代,IT 管理人员面临着各种各样的难题。如在复杂的基础设施上迅速构建客户需要的业务服务,业务变更导致的复杂配置调整,面对新增业务需求的到来要把之前的工作重新做。IT 管理人员面对这些难题,需要有一套方便可行的网络编排业务流程来提高效率。

以一个企业的常规 IT 业务部署为例,管理员面临的是各种各样的问题。首先,系统管理员进行计算资源的部署;然后,网络管理员根据要求配置接入交换机的网络资源,并根据需要对汇聚以及更上层结点进行网络调配。考虑到不同部门、不同工作地点的接入方式可能会不同(LAN、VPN 等),还需要在路由器网关、防火墙等结点进行网络调配。在这个操作过程中,计算资源的自动化交付因为服务器虚拟化技术的广泛应用而比较容易实现。相对于计算资源的点状结构,网络由于其更为复杂的网状和层次结构,实现完全自动化部署比较困难;常规模式下的手工操作或借助于管理工具的操作,需要对网络实时状况非常了解(如拓扑),涉及的网络结点范围可能会非常多,非常容易出错。

与此同时,服务并不是一成不变的(如服务扩容、服务器虚拟化所引入的 VM 迁移等),要求网络配置随之动态调整,常规模式下的手工网络操作将引起业务服务的长时间中断,已经不能满足当前业务的要求。在还需要为其他部门建立一个类似的服务时,从设计到实施,所有的工作都需要重新开始,无法从已有的服务中复用现有的基础架构和劳动成果。

当通过网络编排能力交付网络服务后,可以把实现一个业务网络部署的预期时间缩短到仅几分钟,从而实现网络自动化部署能力。

6.5.3 基于云网络的网络编排

基于云网络的网络编排,即承载智慧服务的虚拟网络,是由云系统提供的资源 NaaS (云上网)在云系统提供的基础设施环境上搭建和配置的承载智慧服务的虚拟网络。

一个应用系统往往由多个组件构成,如负载均衡、Web 前端、应用服务器、数据库等,同时还需要考虑应用 HA、资源弹性、安全等问题,部署起来常常较为复杂,云平台提供的自动调度能力大大提高了应用的部署效率。但由于一个复杂的系统涉及的组件较多,需要由多种云资源来配合完成部署,系统管理员或开发人员往往需要手工创建各种类型的云资源,然后将其配置成应用系统的运行环境。

1. 相关技术之 OpenStack Heat 组件

Heat 是一套业务流程平台,旨在帮助用户更轻松地配置以 OpenStack 为基础的云体系。利用 Heat 组件,开发人员能够在程序中使用模板以实现资源的自动化部署。Heat 能够启动应用、创建虚拟机并自动处理整个流程。

1) Heat 项目中的一些基本术语

栈(Stack):在 Heat 领域,栈是由 Heat 创建的多个对象或者资源的集合。它包含实例(虚拟机)、网络、子网、路由、端口、路由端口、安全组(Security Group)、安全组规则、自动伸缩等。

模板(Template)：Heat 使用模板的概念来定义一个栈。如果用户想要一个由私有网连接的两个实例,那么用户的模板需要包括两个实例、一个网络、一个子网和两个网络端口的定义。模板是 Heat 工作的中心点,本书在后面将会展示一些例子。

参数(Parameters)：Heat 模板有三部分,而其中的一个就是要定义模板的参数。参数包含一些基本信息,如具体的镜像 ID 或者特定网络 ID。它们将由用户输入给模板。这种参数机制允许用户创建一个一般的模板,它可能潜在使用不同的具体资源。

资源(Resources)：资源就是由 Heat 创建或者修改的具体的资源。它是 Heat 模板的第二个重要部分。

输出(Output)：Heat 模板的第三个也是最后一个重要部分就是输出。它是通过 OpenStack Dashboard 或 Heat Stack-List/Stack-Show 命令来显示给用户的。

HOT(Heat Orchestration Template)：是 Heat 模板使用的两种格式的一种。HOT 并不与 AWS CloudFormation Template 格式兼容,只能被 OpenStack 使用。HOT 格式的模板,通常但不是必须使用 YAML。

CFN(AWS CloudFormation)：是 Heat 支持的第二种格式。CFN 格式的模板通常使用 JSON。

2) Heat 项目中一些重要组件

Heat-Client：接收输入命令、参数和模板(URL、文件路径或数据),处理信息后转为 REST API 请求发送到 Heat-API 服务。

Heat-API：服务接收请求,读入模板信息,处理后利用 RPC 请求发送给 Heat-Engine。

Heat-Engine：解析模板数据,调用各种资源插件。

Resource-Plugins：各种资源插件通过 OpenStack 的 Clients 发送指令到 OpenStack 服务。

3) Heat 调用逻辑流程

用户定义可读性好(JSON 或 YAML)的资源模板,Heat 负责将这些资源在 OpenStack 中进行部署。其内部主要分为 3 层：Heatclient、Heatapi、Heatengine。基于预先定义的模板,Heat 通过自身的业务流程引擎(Orchestration Engine)来实现复杂应用的创建和启动,快速轻松地部署基础架构。这是当前云网络平台应用自动化部署的较为主流的编排方式。

2. 支撑服务之 OpenStack Horizon

Dashboard 为管理员和普通用户提供了一套访问和自动化管理 OpenStack 各种云资源的图形化操作界面。由于 Dashboard 需要为 OpenStack 云资源的管理提供方便的可视化操作服务,Horizon 组件不可避免地会与 OpenStack 的其他组件进行通信。在 OpenStack 中各个组件之间是通过 RESTful API 进行通信的。基于 Dashboard 具有很高的可扩展性,开发人员可以在 Horizon 的基础上进行二次开发,添加自定义模块或者修改 Horizon 中的标准模块。

3. 可视化网络编排的功能实现

课题组所在团队对可视化网络编排及自动化部署进行了一部分功能的开发,面向网络拓扑的全程可视化虚拟网络管理,如图 6-6 所示,通过用户的拖曳连线操作即可完成定制化网络拓扑的构建,资源配置细粒度自定义,虚拟机实例多端口分别限速。

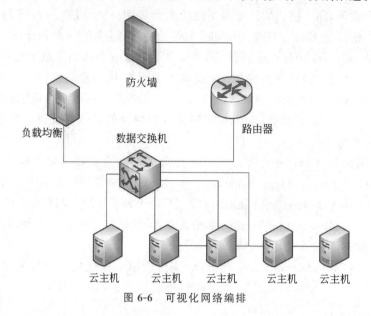

图 6-6　可视化网络编排

当前覆盖虚拟机实例的规格配置、网卡配置、IP 配置等,防火墙的规则添加、策略组合配置,负载均衡的方式配置、成员选择等,整合配置数据结合后台 Heat 组件实现虚拟网络资源的自适应映射。

4. 云资源编排的技术需求

当前基于云下网提供个性化组建虚拟网络功能的主流云平台提供的网络编排都是基于命令行或者是在提供好的模板上创建云资源。用户需要精确了解模板的构建模式,以及各式复杂参数的配置等,因此,这样的方式并不是非常人性化,对于大多数非开发人员来说学习成本偏高。

(1)可视化云资源配置。云服务的提供商应该提供一项方便简洁的组网服务模式,使得用户可以通过界面操作的方式生成各自所需的云资源,采用拖曳连接的方式构建出一套属于自己的虚拟网络拓扑,并对云资源的参数属性进行个性化定制,对资源的关联关系进行配置(无须手动输入模板代码),然后生成 Heat 所识别的模板,交由自身的编排器完成网络的自动化编排,这种方式将大大提高虚拟网络的部署效率。

(2)减少环境部署的重复工作量。与此同时,用户可以将自己配置的虚拟网络拓扑保存起来,形成不同的模板,后期有类似服务上线时,可以直接使用该模板或者做适当修改即可,大大减少了服务上线的重复工作。

(3)支持调用云平台多种资源类型。支持多种资源,包括弹性计算实例、存储卷、对象存储、弹性 IP 地址、网络安全组、虚拟防火墙、弹性负载均衡、监控告警、简单通知服务等,可满足用户构建灵活智慧服务的要求。

重 点 小 结

（1）网络功能虚拟化技术打破了网络物理设备层和逻辑业务层之间的绑定关系，每个物理设备被虚拟化的网元所取代，管理能够对虚拟网元进行配置以满足其独特的需求。

（2）NFC 的九大应用场景。

（3）NFV 与 SDN 是高度互补的，但并不完全相互依赖。NFV 可以不需要 SDN 而独立实施，不过这两个概念及方案是可以配合使用的，并能获得潜在的叠加增值效应。

习 题 与 思 考

1. 简述 NFV 的体系架构。

2. NFV 与 SDN 有什么关系？

3. 简述基于云网络的网络编排的实现过程。

任 务 拓 展

请详细阐述网络功能虚拟化(NFV)的优势与风险。

学习成果达成与测评

项目名称	网络功能虚拟化		学　时	**4**	学　分	**0.3**
职业技能等级	中级	职业能力	理解 NFV 架构;理解 SDN 原理;理解 SDN 与 NFV 之间的关系;理解网络编排的原理		子任务数	3 个
序　号	评价内容		评价标准			分数
1	NFV 架构		能准确画出 NFV 架构图,并能说明每一部分的功能			
2	SDN 原理		能对 SDN 系统架构进行分析,并描述			
3	SDN 与 NFV 之间的关系		能掌握 SDN 与 NFV 之间的区别及关联			
4	理解网络编排的原理		掌握网络编排的原理			
考核评价	项目整体分数(每项评价内容分值为 1 分)					
	指导教师评语					
备注	奖励: 　1.按照完成质量给予 1~10 分奖励,额外加分不超过 5 分。 　2.每超额完成 1 个任务,额外加 3 分。 　3.巩固提升任务完成优秀,额外加 2 分。 惩罚: 　1.完成任务超过规定时间扣 2 分。 　2.完成任务有缺项每项扣 2 分。 　3.任务实施报告编写歪曲事实、个人杜撰或有抄袭内容不予评分。					

学习成果实施报告书

题　目					
班　级		姓　名		学　号	

任务实施报告

　　请简要记述本工作任务学习过程中完成的各项任务,描述任务规划以及实施过程,遇到的重难点以及解决过程等,字数要求不低于 800 字。

考核评价(按 10 分制)

教师评语:	态度分数	
	工作量分数	

考 评 规 则

　　工作量考核标准:
　1. 任务完成及时。
　2. 操作规范。
　3. 实施报告书内容真实可靠,条理清晰,文笔流畅,逻辑性强。
　4. 没有完成工作量扣 1 分,故意抄袭实施报告扣 5 分。

第 7 章　数据中心网络

知识导读

数据中心网络内的流量具有交换数据集中、流量增多等特点,需要提供大规模、高扩展性、高健壮性、低配置开销、高带宽、高效的网络协议、灵活的拓扑结构和链路容量控制、服务间的流量隔离等。因此,传统的三层网络架构受到挑战,网络扁平化、网络虚拟化以及可编程和定义的网络成为数据中心网络架构的新趋势。

学习目标

- 了解数据中心网络相关概念
- 了解数据中心的规划和设计
- 了解云数据中心的体系架构和核心技术

能力目标

- 熟练掌握软件定义数据中心网络的典型案例
- 掌握数据中心网络的规划设计方法

相关知识

7.1　数据中心的定义

数据中心网络(Data Center Network)是应用于数据中心内的网络,因为数据中心内的流量呈现出典型的交换数据集中、流量增多等特征,对数据中心网络提出了进一步的要求:大规模、高扩展性、高健壮性、低配置开销、服务器间的高带宽、高效的网络协议、灵活的拓扑和链路容量控制、绿色节能、服务间的流量隔离和低成本等。在这样的背景下,传统的三层架构受到挑战,网络扁平化、网络虚拟化以及可以编程和定义的网络成为数据中心网络架构的新趋势。

维基百科给出的定义是"数据中心是一整套复杂的设施,它不仅包括计算机系统和其他与之配套的设备(例如通信和存储系统),还包含冗余的数据通信连接、环境控制设备、监控设备以及各种安全装置。"

谷歌在其发布的 *The Datacenter as a Computer* 一书中,将数据中心解释为"多功能的建筑物,能容纳多个服务器以及通信设备。这些设备被放置在一起是因为它们具有相同的对环境的要求以及物理安全上的需求,并且这样放置便于维护",而"并不仅仅是一些服务器的集合"。

7.2 数据中心规划与设计

7.2.1 传统数据中心网络体系结构

传统的数据中心网络结构一般采用三层网络结构,即核心层、汇聚层和接入层。这种结构的网络一旦出现核心层设备故障,有可能引起整个网络的瘫痪。该网络的可扩展性不足,一旦核心层和汇聚层设备端口不足,则难以扩展,同时在网络流量增大时,没有有效的应对策略。面向云计算的数据中心网络拓扑结构可以考虑 Fat-Tree 模式,采用型号相同的可编程交换机或者不同品牌、参数接近、使用同种通信协议的可编程交换机,组成一种更大的交换网络,使网络的健壮性和可扩展性得到增加。这样的网络拓扑结构同样包含核心层、汇聚层和接入层,并且能够确保每台服务器上的网口可以以网络上的最大带宽进行数据的传输,而不受到传统数据中心单网口链路网络瓶颈的影响,其更适合每个应用网络流量波动较大的云计算数据中心。

一个传统的数据中心网络体系结构如图 7-1 所示,通常用 Access-Aggregation-Core 来表示。在图 7-1 中,Core 表示核心层,Aggregation 表示汇聚层,Access 表示接入层。

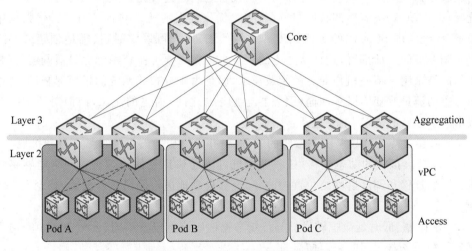

图 7-1 传统的数据中心网络体系结构

7.2.2 传统数据中心网络体系结构的不足

传统的数据中心网络是通过层次网络来实现的,在同一个数据中心内存在着很多种运用的同时运行,并且每一种运用都需要在特定的服务器或者虚拟服务器上运行,同时需要和 Internet 可路由的 IP 地址绑定,这样可以方便接收 Internet 的客户端访问。随着云计算以及虚拟化技术的运用越来越广泛,新型计算机的数据中心呈现出许多新的特点,这些新的特点也正体现了传统数据中心网络体系结构的不足。

首先就是规模越来越大,需要支持的服务数量级已经达到了比较高的量级,并且数据中心的内部流量也在不断增加,占总流量的比重也比较大,所以导致网络宽带变成了一种比较稀缺的资源。由于数据规模的不断增大,对网络设备的要求也越来越高,但通常都是一个横向扩展,并未节约成本,并没有使用性能比较高同时价格也比较高的先进设备来进行一个纵向的拓展。新型数据中心网络的结构没有受到传统结构的限制,结构比较多样,例如,多根树、立方体和随机图等,这些网络结构都可以辅助设计出更加高效的路由算法。随着信息技术的不断发展,虚拟化技术已经成为数据中心不可缺少的理念,所以这就要求数据中心可以支持任何一个迁移的部署,并且还不能影响已经存在的运用层的状态。随着环保理念的不断深入,数据中心网络可以采用低成本的低端设备,容易导致很多安全事件的发生。此外,传统的数据中心的自动化程度不高,如果服务需要在服务器之间进行重新分配的话,会导致数据中心网络的地址空间出错概率增高,只有提高自动化程度,才可以控制操作人员和服务器成本的比值,降低人工操作的失误概率,避免由此导致的风险,使得整个网络系统可以更加健康稳定地运行。

7.2.3 数据中心网络的新需求

传统的数据中心网络是典型的三层架构,包括接入层、汇聚层和核心层,主要承载的是客户机/服务器模式的应用,其流量以南北向(客户机与服务器之间)为主。应用的部署与物理服务器(群)一一对应,服务器与网络设备之间的连接是硬连接,一旦拓扑确定并完成配置,很难动态、按需地调整网络资源,实时优化数据的转发路径。而在云化数据中心环境下,已经实现 IT 资源的灵活调度和弹性伸缩,用户可以实时、按需地创建或移除虚拟机实现业务的灵活部署,这样从业务的视角来说就需要一张资源能够灵活调度、可弹性伸缩的网络来满足不同租户业务的承载需求,而且由于分布式系统的规模部署,原有以南北向为主的流量改变为以东西向(服务器与服务器之间)为主的流量,因而对数据中心网络提出了一些新的需求,主要包括:

(1) 需要支持数万甚至更高量级的服务器,并允许服务器群的增量部署和扩展。

(2) 支持虚拟机的动态迁移,任意虚拟机可以迁移到任何物理机。网络能够感知虚拟服务器的迁移和调度后网络位置的改变,能够自动地进行网络重新配置,减少人工配置干预。

(3) 无阻塞、低时延数据转发。与传统数据中心流量模型不同,云化数据中心内主要是服务器和服务器之间的东西向流量。

(4) 能够为不同租户动态、按需地创建相互隔离且满足特定 QoS 需求的虚拟网络,并且网络的规模可弹性伸缩。

(5) 低成本且高扩展。当增加新服务器时,可以不依赖于高端交换机的纵向扩展,而是采用普通商用化的组件进行横向扩展;扩展时不影响已经在运行的服务器及网络设备。

(6) 网络需要能够灵活地调配负载或灵活地调整自身拓扑和链路容量,从而适应网络流量的变化需求。

(7) 高效的网络协议。根据数据中心结构和流量特点,设计高效的网络协议。

显然,现有的数据中心网络很难满足上述新的需求,因而业界给出 Spine-Leaf 的二层 Fabric 扁平化网络架构,在该架构的基础上采用 SDN 技术,增强二层控制平面的能力(由集中控制器完成拓扑管理、转发路径计算和下发等),并通过开放可编程接口完成网络的自动化部署,动态实现为不同租户创建虚拟网络,从而实现对网络资源的高效调度。

7.2.4　以网络为中心的方案

在以网络为中心的方案中,网络流量路由和转发全部是由交换机和路由器完成的。这些方案大多通过改变现有网络的互联方式和路由机制来满足新的设计目标。相关方案主要包括 Fat-Tree、ElasticTree、Monsoon 等。

1. Fat-Tree

传统的树状网络拓扑中,带宽是逐层收敛的,树根处的网络带宽要远小于各个叶子处所有带宽的总和。而 Fat-Tree 则更像是真实的树,越到树根,枝干越粗,即:从叶子到树根,网络带宽不收敛。这是 Fat-Tree 能够支撑无阻塞网络的基础。Fat-Tree 是无带宽收敛的。

为了实现网络带宽的无收敛,Fat-Tree 中的每个结点(根结点除外)都需要保证上行带宽和下行带宽相等,并且每个结点都要提供对接入带宽的线速转发的能力。但是,传统单根/多根拓扑结构有以下缺点:成本高,根部交换机必须要有足够大的带宽来满足下层服务器之间的通信;性能瓶颈,无法满足数据中心内部大规模的 MapReduce 和数据复制。为了解决树状结构根结点的瓶颈问题,研究者提出了许多可用的拓扑结构,分为以交换机为中心和以服务器为中心的架构。

Fat-Tree 是以交换机为中心的拓扑。支持在横向拓展的同时拓展路径数目;且所有交换机均为相同端口数量的普通设备,降低了网络建设成本。

具体来说,Fat-Tree 结构共分为三层:核心层、汇聚层、接入层。一个 k 元的 Fat-Tree 可以归纳为以下 5 个特征。

(1) 每台交换机都有 k 个端口。

(2) 核心层为顶层,一共有 $k/2$ 个交换机。

(3) 一共有 k 个 Pod,每个 Pod 由 k 台交换机组成。其中,汇聚层和接入层各占 $k/2$ 台交换机。

(4) 接入层每个交换机可以容纳 $k/2$ 台服务器,因此,k 元 Fat-Tree 一共有 k 个 Pod,每个 Pod 容纳 $k \times k/4$ 个服务器,所有 Pod 共能容纳 $k \times k \times k/4$ 台服务器。

(5) 任意两个 Pod 之间存在 k 条路径。

最简单的 $k=4$ 时 Fat-Tree 拓扑如图 7-2 所示,连在同一个接入交换机下的服务器处于同一个子网,它们之间的通信走二层报文交换,不同接入交换机下的服务器通信,需要走路由。

2. ElasticTree

ElasticTree 基于 Fat-Tree 体系结构构建,考虑了节省带宽的问题,降低了成本,但是网络拓扑结构没有得到调整,该方法的主要思想是,关闭没必要开放的链路和交换机,需要时再开启。

3. Monsoon

在 Monsoon 体系结构中,所有的机架服务器连接到一个局域网,并且网络中没有超

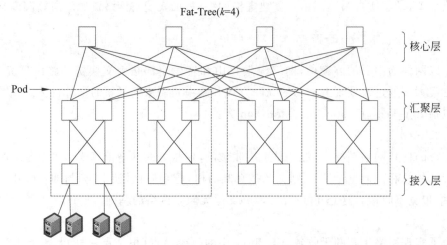

图 7-2   *k* = 4 时的 Fat-Tree 拓扑结构

额认购链路。也就是说,服务器彼此之间都可以高速进行通信,三层网络部分将数据中心接入 Internet,使用 ECMP(等耗费多路径)将 Internet 收到的请求分配给路由器。

7.2.5   以服务器为中心的方案

以服务器为中心的方案采用迭代方式构建网络拓扑结构,服务器不仅是计算中心,还充当路由结点,起到负载均衡和分组转发的作用。在这种方案中,通过迭代设计避免了位于核心交换机的瓶颈,服务器之间拥有多条可用的不相交路径。

BCube 设计的目标是集装箱数据中心,而如何互联集装箱数据中心、构建更大规模的数据中心,是 MDCube 的主要目标。互联集装箱数据中心面临的 3 个挑战是:集装箱间的高带宽需求、互联结构的成本和布线的复杂性。MDCube 使用 BCub 中交换机的高速接口来互联多个 BCube 集装箱。为了支持数百个集装箱,它使用光纤作为高速链路。每个交换机将其高速接口作为其 BCube 集装箱的虚拟接口。因此,如果将每个 BCube 集装箱都当作一个虚拟结点,它将拥有多个虚拟接口。出于扩展性考虑,MDCube 引入了维度。每个 BCube 集装箱的交换机被划分为组,作为连接到不同维度的接口。一个集装箱由其映射到一个多维数组的 ID 来标识。假定维度是 D,那么一个集装箱的标识是 D 元组在维度 d 上,两个仅在维度 d 上 ID 元组不同的集装箱之间存在一条链路。通过这种方法,BCube 集装箱互相连接形成一个超立方结构网络。

BCube 类方案采用的服务器为中心的体系结构充分利用了服务器和普通交换机的转发功能,在支持大量服务器的同时降低了构建成本,已成为数据中心网络的重要研究方向。Bcube 类方案提供多路径,提供了负载均衡,不会出现明显的瓶颈链路,增加了可靠性。当发生服务器或者交换机失效时,BCube 可以做到用性能的下降来维持服务的可用性。BCube 也存在如下一些不足,BCube 中使用普通商业交换机连接大量的服务器,增加了其布线的难度和出错的概率;BCube 路径探测的过程会造成较大的通信和计算开销;BCub 要求每个服务器都要有 $k+1$ 个端口,这使得目前很多现有服务器难以符合其要求,需要进行升级改造。

7.2.6　无线数据中心网络

无线技术可以在不必进行重新布线的情况下灵活调整拓扑,因此,Ramachandran 等人在 2008 年将无线技术引入了数据中心网络。随后 Kandula 等人设计了 Flyways,通过在 ToR 交换机间增加无线链路来缓解机架的拥塞问题,从而最小化最大传输时间。但是无线网络很难单独满足所有的针对数据中心网络的需求,包括扩展性、高容量和容错等。例如,由于干扰和高传输负载,无线链路的容量经常是受限的。因此,Cui 等人引入无线传输来缓解热点服务器的拥塞,并将无线通信作为有线传输的补充,提出了一个异构的以太网/无线体系结构,其体系结构如图 7-3 所示,这里称其为 WDCN。

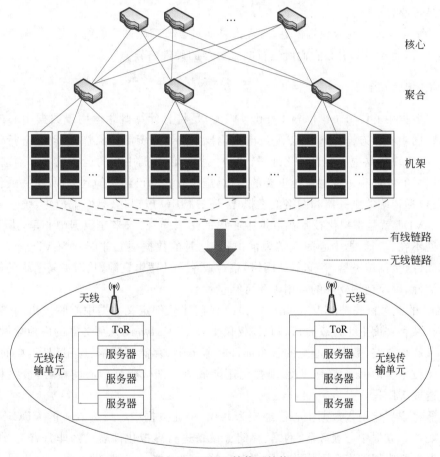

图 7-3　WDCN 的体系结构

为了不引入过多的天线和干扰,Cui 等人将每个机架作为一个无线传输单元(Wireless Transmission Unit,WTU),如图 7-3 所示,这样设计使得机架不会阻塞视线传输。

7.3 云数据中心的体系架构

7.3.1 单体云数据中心

云计算技术的出现颠覆了传统数据中心行业,它具备按需使用、资源共享、绿色节能、快速业务部署等优势,弥补了传统数据中心的缺点。单个云数据中心具有以下特点。

(1) 超大规模性。谷歌云数据中心已经拥有数百万台服务器。

(2) 虚拟化。云计算支持用户在任意位置使用各种终端获取应用服务。用户不需要了解,也不用担心应用运行的具体位置。

(3) 高可靠性。"云"使用了数据多副本容错、计算结点同构可互换等措施来保障云服务的高可靠性。

(4) 简化管理。在云数据中心,管理人员通过云管理软件可以统一管理、调度各种规格的虚拟机,而不需要关心它们所运行的服务器的硬件差异。

7.3.2 虚拟数据中心

虚拟数据中心(Virtual Data Center,VDC)是将云计算概念运用于数据中心的一种新型的数据中心形态。VDC可以通过虚拟化技术将物理资源抽象整合,动态进行资源分配和调度,实现数据中心的自动化部署,并将大大降低数据中心的运营成本。当前,虚拟化在数据中心发展中占据越来越重要的地位,虚拟化概念已经延伸到桌面、统一通信等领域,不仅包括传统的服务器和网络的虚拟化,还囊括IO虚拟化、桌面虚拟化、统一通信虚拟化等。VDC就是虚拟化技术在数据中心里的终极实现,未来在数据中心里,虚拟化技术将无处不在。当数据中心完全实现虚拟化,这时的数据中心才能称为VDC。VDC会将所有硬件(包括服务器、存储器和网络)整合成单一的逻辑资源,从而提高系统的使用效率和灵活性,以及应用软件的可用性和可测量性。

VDC的概念首先是由VMware在2012年阐述软件定义数据中心时提出的,软件定义其实在某种程度上来说就是虚拟化。仅仅十多年,VMware从服务器的虚拟化做起,走出了一条辉煌之路,数据中心里的各个部件从服务器、存储到网络、应用程序、桌面、安全等虚拟化技术VMware都有涉及,虚拟化逐渐成为第四代数据中心的核心,最终将数据中心打造成VDC。

虽然将虚拟化引入数据中心已经成为共识,但让数据中心成为真正的VDC,还有很长的路要走。数据中心服务器、网络、存储等设备进行虚拟化部署已经非常普遍,但要达到做数据中心应用的完全不用关心数据中心的基础设施,还远远做不到。在数据中心部署一项新应用时,还是要考虑网络带宽、电力、安全、服务器等方方面面,而且在部署应用时还是需要进行各种设备的配置变更,自动化配置离数据中心仍很远。实际上,就算是设备的虚拟化,也仅限于相同厂家的设备,甚至要求是相同型号的设备才可以进行虚拟化。虚拟化应用仅停留在带来管理上的方便而已,与虚拟化技术描述的愿景相差甚远。当然,技术是不断进步的,在数据中心已经开始出现一些VDC的解决方案,虽然还不够完善,当进行应用部署时还是无法完全脱离物理硬件,但是已经有这样的趋势。

7.3.3 分布式云数据中心

分布式云数据中心是物理分散、逻辑统一、业务驱动、云管协同、业务感知的数据中心,以融合架构(计算、存储、网络融合)作为资源池的基础单元,构建 SDN 业务感知网络,通过自动化管理和虚拟化平台来支撑 IT 服务精细化运营。

DC2 是华为分布式云数据中心(Distributed Cloud Data Center)的简称,代表华为面向未来的新一代云数据中心基础架构体系。其核心理念在于:物理分散、逻辑统一。将企业分布于全球的数据中心整合起来,使其像一个统一的数据中心一样提供服务,通过多数据中心融合来提升企业 IT 效率;去地域化、软件定义数据中心、自动化是这个阶段的主要特征。逻辑统一有两方面的含义:依赖 DC2(分布式数据中心)提供统一的运维管理支撑平台将所有数据中心及其资源统一管理、调度和运维支持,分权分域管理;DC2 提供统一的服务平台来对外提供服务。

DC2 将多个数据中心看成一个有机整体,围绕跨数据中心管理、资源调度和灾备设计,实现跨数据中心云资源迁移的云平台、多数据中心统一资源管理和调度的运营运维管理系统、大二层的超宽带网络和软件定义数据中心能力。

1. 分布式云数据中心的价值

(1) DC2(分布式数据中心)采用虚拟化技术,消除软件对运行软件的硬件的依赖性,可以将利用率不足的基础结构转变成弹性、自动化和安全的计算资源池,供程序按需使用。通过资源整合和自动化帮助企业降低运营成本;通过分布式技术实现多个数据中心资源的逻辑统一和高效利用,降低对基础架构的投资;通过灾备服务和基于资源负载均衡的跨数据中心应用迁移来提升应用的可用性和资源利用率,从而为企业节省大量资金。

(2) 提供业务敏捷性,加快上线速度,提高用户的满意度。DC2 在虚拟化技术上,提供了资源的按需服务能力,提供全方位的管理、业务自动化能力。通过自助服务,用户可以按需自助申请所需的计算、存储、网络资源;根据用户不同,应用需求提供不同的 SLA 水平的资源池服务,同时 DC2 具有灵活的弹性伸缩能力,根据用户配置的灵活调度策略,实现自动的水平、垂直弹性伸缩能力,从而保证 IT 能够快速响应业务变化。

2. 分布式云数据中心提供的关键能力

(1) 采用虚拟数据中心方式为租户提供数据中心即服务(DCaaS)。

虚拟数据中心(VDC)为租户提供 DCaaS 服务,是软件定义数据中心(SDDC)的一种具体实现。VDC 的资源可以来自多个物理数据中心的不同资源池(资源类型分为虚拟化的计算、存储、网络以及 Bare-metal 物理机资源等);VDC 内的资源支持访问权限控制;VDC 的网络可以由管理员自定义,将 VDC 划分为多个 VPC,VPC 包括多个子网,并通过 VFW、VRouter 等部件进行安全、网络管理;VDC 服务提供部分自助运维能力,包括查看 VDC 告警、性能、容量、拓扑,提供 VDC 级别的资源使用计量信息,方便租户计算计费信息。

(2) 针对多种应用场景优化的云基础设施。

目前主要针对四大场景:标准虚拟化场景,提供对普通应用虚拟化以及桌面等虚拟化方案的基础设施;高吞吐场景,主要针对 OLAP 分析型应用的支持,在存储和网络方面提供了优化;高扩展场景,对于需要快速水平扩展的应用,采用计算存储一体机方案提供快速扩展能力;高性能场景,主要对于 OLAP 应用等场景。

(3)基于 SDN 网络虚拟化技术的网络自动化和多租户。

云数据中心基于 SDN 虚拟化网络技术,多租户云数据中心场景下每个租户可以自助定义自己的网络并自动化实践。

(4)统一灵活的数据中心管理能力。

分布式云数据中心的资源来自多个物理数据中心,资源类型多样,管理需求复杂。针对这种情况,分布式云数据中心(DC2)提出了统一管理解决方案,包括:多数据中心统一管理,支持对多个数据中心资源的资源统一的接入和管理;物理虚拟统一管理,物理服务器、存储、网络资源和上面虚拟化出来的资源提供一致性的管理,在同一个管理界面呈现拓扑关系;多种虚拟化平台统一管理。

7.4 云数据中心的核心技术

7.4.1 数据中心网络的多租客支持

服务器虚拟化技术解决了计算资源的虚拟化问题,使虚拟机之间共享资源的同时,实现了资源保障和隔离。但是,服务器虚拟化技术不能虚拟化网络,不能解决数据中心内的网络资源的虚拟化,缺乏对多租客(Multi-Tenant)的支持,包括租客之间的隔离和带宽分配。目前,在虚拟化数据中心采用的网络技术仍然是传统的 TCP/IP 协议簇,这存在一些问题:目前是通过 VLAN 来实现租客之间的隔离,但 VLAN 最大只能支持 4096 个租客,并且 VLAN 不支持带宽分配。

NetLord 系统同时使用二层和三层封装来实现对多租客的支持。虚拟机监视器为云计算租客的数据分组添加额外的二层和三层协议头,封装的二层地址是目的虚拟机所在物理服务器连接的接入层交换机,用来在二层网络上将数据分组发送到正确的边缘交换机。封装的三层地址是目的虚拟机所在的物理服务器地址。目的物理服务器上的虚拟机监视器根据数据分组的虚拟机地址找到正确的目的虚拟机。通过两次封装,租客可以定义各自的 MAC 和 IP 地址空间,互不干扰。由于虚拟机的 MAC 地址是和租客相关的,可以方便地实现各种 QoS 机制,如访问控制列表(Access Control List,ACL),从而实现租客之间的隔离。

7.4.2 虚拟机放置与迁移策略

云计算数据中心为云计算服务提供运行平台,它通常包含大量的硬件服务器。这些服务器通过虚拟化技术将各种计算资源构建成可共享的动态虚拟资源池,并使用虚拟资源管理技术实现各种资源的自动部署、按需分配、高可伸缩性,以使用户能够即用即付地按需获取资源。云数据中心对于虚拟机资源的管理发挥着关键作用。首先,它通过将一个服务器(物理机)虚拟化为多个虚拟机,实现了应用的隔离,从而提高其可靠性和计算能力。再者,云数据中心将各种资源动态分配给虚拟机,同时对资源进行整合,提升资源利用率并减少能源消耗。然而,由于云数据中心的规模不断扩大和功能的丰富,数据中心维护管理成本和它的可靠性问题变得尤为突出。

目前,在云计算环境下虚拟机放置问题的研究中,针对不同的用户需求和问题场景,需要考虑的目标主要包括物理机之间的负载均衡、各类型资源的利用率最大化或浪费最小、能源消耗最小。随着大规模云数据中心的广泛,它的高能耗、高污染问题变得日益突出,在虚拟机管理中如何降低能源消耗受到越来越多的关注。其中,以节约能耗为目标的虚拟机放置研究可以分为最大化资源利用率以减少能耗和直接减少能源消耗两类。

迁移是指将虚拟机从一个主机或存储位置移到另一个主机或存储位置。虚拟机的动态迁移主要解决虚拟机负载动态变化引起的物理机负载异常的问题,即通过对部分虚拟机的重新分配使物理机的负载回归正常。由于虚拟机对于资源需求的不断变化以及应用程序对于性能的要求也不是一成不变的,因此对虚拟机的资源管理是动态的。此外,由于云数据中心的性能要求以及用户的多样化需求,虚拟机的迁移需要考虑满足多种目标,是一个多目标的优化问题。

通过对负载异常物理机上的虚拟机的迁移,可以得到新的“虚拟机—物理机”的分配方案。为了保证云数据中心的性能和服务质量,同时考虑到虚拟机迁移成本,虚拟机迁移方案需要考虑以下目标。

1. 能源消耗

在对虚拟机进行迁移后,由于改变了一些物理机和虚拟机的对应关系,因此会对物理机的能源消耗以及虚拟机之间的通信能耗同时产生影响。为了使迁移后云数据中心的能源最小,对迁移后分配方案的能源消耗进行考虑。

2. 鲁棒性

显然,部分虚拟机迁移之后,新的“虚拟机—物理机”方案的鲁棒性也会发生改变。由于迁移会导致系统性能以及迁移成本的变化,希望迁移过后引起再次迁移的时间越长越好,因此迁移后方案的鲁棒性至关重要。

3. 迁移成本

虚拟机迁移主要是虚拟机内存的迁移,主要是将源主机的内存迭代复制到目的主机,虚拟机的迁移成本与当前虚拟机占用的内存有关。

7.4.3 云数据中心网络多路径路由协议

由于数据中心网络存在大量的冗余链路,充分利用这些冗余链路进行流量均衡是目前数据中心网络流量工程的主要方法。有文献通过实际的测试观察,当数据中心网络负载较重时,采用 ECMP 的流量工程方法与最优的路由调度算法之间的差距为 15%～20%,这是因为在调度数据流时,虽然 ECMP 是在多条有效路径上进行流量均衡,但是却没有掌握全局的链路信息而仅仅是根据哈希算法静态地进行数据流调度,当链路负载较重以致发生拥塞时,并不会动态地改变这条链路的流量分配权值。VL2 在随机选择汇聚层到核心层的上行链路时,依然采用 ECMP 机制,而对核心层到汇聚层的下行链路状态并不关注,所以 VL2 与最优路由调度算法相比差距上限可达 20%。这说明如果缺少对网络全局信息的掌握,进行流量均衡并不准确。Hedera 采用集中控制的方式对数据中心网络的大流进行调度,但是对短流依然采用 ECMP 路由机制。Hedera 通过控制器定时抽样的方法在边缘层交换机发现大流,并触发大流的调度算法。这里对大流的定义是传输超过 100MB 的数据流,因为是在数据流传输的过程中确定是否会成为一条大流,此时触发大流调度算法,势必会在一些大流传输路径迁移的过程中造成数据包丢失,以及接收端乱序的问题;其次,短流占据了数据中心 80% 的数据流数量,由于在应用层并没有对数据流进行优先级标注分类,容易出现链路大小流碰撞问题,从而导致丢包的产生。因此,一个好的数据流调度算法也是数据中心网络流量工程的一个关键问题。

综上所述,对数据中心网络流量工程的设计必须以能有效地减轻数据包的丢失率以及降低最大链路利用率为目标,因此建立如下两个设计原则。

(1) 多路径路由机制。多路径路由机制是流量工程的一种实现方法。相对于单路径,多路径路由能避免因为失效链路或者拥塞链路造成的数据包丢失,更好地保障传输的可靠。数据中心网络通常具有对称的拓扑结构,例如,具有 CLOS 开关网络结构的 Fat-Tree 等,因而存在大量的冗余链路。将数据流在结点对之间有效的多条路径上进行分配,使得网络中各链路的资源利用率趋于均衡,最大限度地降低网络数据传输中的拥塞,减轻数据包的丢失率,降低端到端的时延。

(2) 基于集中控制的数据流调度机制。SDN 是数据分组的转发与控制分离的技术,数据分组的接入、路由都是由控制器来控制,而交换机只是按控制器所设定的规则进行数据分组的转发,大大减轻了交换机处理器的负担,提高了转发效率。集中控制通过对网络内全局信息的掌握,控制器根据预先设计好的数据流调度算法,计算出最佳的转发策略下发到交换机,从而能更准确地进行流量均衡。由于数据中心归属单一所有者,这就天然符合 SDN 所需要的集中控制要求。

7.4.4 基于编码的云数据中心网络传输协议

近年来,数据中心已经成为现代通信和计算基础设施的基石。大规模在线服务通常由几个包括成千上万台机器的大型企业数据中心托管。特别地,当前热点——云计算服务与云计算应用都需要大型数据中心以提供支持。而数据中心网络是连接数据中心大规模服务器进行大型分布式计算的桥梁,它具有高带宽低延迟的特性,为使用者提供了高性能的计算和大容量的存储等服务。

当前数据中心网络中普遍采用 ECMP(Equal-Cost Multi-Path routing)协议以提供网络性能。该方法以流为单位,在交换机上根据数据包头部五元组哈希算法进行选路操作。ECMP 实现简单,但是存在长流碰撞现象,容易造成热点,导致重负载路径上短流延时增加。随机包散射(Random Packet Spraying,RPS)技术针对上述问题,提出以包为粒度,在置顶模型(Top Of Rack,TOR)交换机上对每个包进行随机选路,充分利用等价多路径,有效提高了网络吞吐量。然而,RPS 不区分长短流,导致大量的长流数据包散射到多路径,使得短流的数据包排队延时增加和丢包率明显升高。

7.4.5 网络与计算资源的联合优化

在集中化的云计算时代,云网一体成为计算网络资源联合优化的重要解决方案,例如,利用软件定义网络/网络功能虚拟化(Software Defined Network/Network Function Virtualization,SDN/NFV)技术将应用、云计算、网络及用户联通起来,提供一个"云、网、边、端"的完整、灵活、可扩展的云网一体化服务。网络将按照云的要求提供网络资源(网络即服务),而云则根据应用的需要调用网络资源。然而,随着5G的规模建设与边缘计算的兴起,前期的云网一体方案面临了新的挑战。例如,随各类计算结点的下沉,算力将遍布整个网络,业务对算力的需求也逐渐呈现出多样化、多变化的特征。

算力网络需要从两个层面来解决计算网络资源联合优化调度的问题。首先是资源关联问题,根据用户的诉求将算力资源、网络资源等进行有机地整合,以满足用户多样化的需求;其次是资源交易问题,使用户能够根据自己对业务的要求以及能够承担的成本,在交易平台上购买最适合的算力资源与网络资源。针对第一方面,算力网络所倡导的解决思路是利用网络控制面来分发资源信息。由于网络控制面可分为集中式和分布式两种方案,因此算力网络在资源调度方面也有两种方案,如集中式的算力网络管理编排系统和分布式的算力路由层方案。针对第二方面,算力网络希望能够建立类似于电力交易平台的算力交易平台,在算力提供方与算力消费者之间建立桥梁,为消费者提供一站式的服务,而他们不用进行费时费力的一对一的谈判与交易,同时完成算力资源与网络资源的购买。

7.4.6 网络与存储资源的联合优化

云数据中心依赖分布式存储系统(如GFS/HDFS)来管理大规模服务器的数据存储。通常情况下,云数据中心包含数以万计甚至十万计的服务器,而在典型的分布式存储系统中,一个文件只有3个副本,客户端请求的文件副本都存储在较远的服务器上。在横向扩展的云数据中心网络架构下,数据中心网络拓扑具备明显的层次化特点。因此,可以利用服务器的空闲磁盘空间,对读取的数据进行缓存,进而大大增加每个文件的副本数量。

这种分布式缓存的存储系统优化方法,不但可以大大减小每个数据流的平均网络路径长度,还可以减少数据热点,从而增大数据中心的网络吞吐率,提高分布式存储系统的性能。在软件定义网络框架下,网络控制器和存储控制器可以进行有效的交互,从而实现高效的联合优化,在不增加链路和带宽资源的前提下,通过软件使网络容量得到提升。为了实现基于分布式缓存的分布式存储系统优化,需要解决两个问题:一是在服务器端提供缓存服务;二是在网络结点上实现基于内容的路由转发协议。在每个服务器上运行一个守护进程提供缓存服务。缓存服务作为中间层运行在应用程序和分布式存储系统之间,并且对它们透明。每个缓存服务进程既负责为本地应用寻找距离最近的文件副本,也负责响应来自其他服务器的数据请求。当应用程序向存储系统发送数据请求后,本地缓存服务会中断此请求,并尝试从最近的缓存服务器获取所需要的数据;如果无法找到这样的缓存服务器,再从原始服务器获取数据并返还给应用程序,同时在本地进行缓存。可软件编程的网络结点利用横向扩展云数据中心网络拓扑的层次化结构特点,在不确定目的缓存服务器具体位置的情况下,通过自定义的内容控制协议把数据请求转发到最近的缓存服务器,并更新网络结点的内容转发表。考虑到网络结点的高速转发表容量有限,不可能容纳数据中心所有数据的内容转发表项,因此还可以结合基于位置的转发机制。当数据请求的内容不在内容转发表中时,网络结点根据请求数据的原始服务器地址进行路由转发。

7.4.7　异构资源请求的虚拟数据中心网络资源分配

当租户提交任务请求之后,云数据中心运营商需要为其分配虚拟数据中心网络资源。当前的数据中心网络资源分配方式只考虑虚拟机数量和配置,而对网络带宽完全采用"尽力而为"的方式进行共享,因此造成租户的网络性能难以预期,严重影响了云计算中心的服务质量。在实际的云计算任务中,由于租户的虚拟机往往运行不同功能的应用程序,其资源需求具有异构特征。租户提出请求后,运营商根据数据中心网络的剩余资源分布情况来判断请求是否可以得到满足。如果可以得到满足,该请求将被接受,并分配对应的虚拟机和网络带宽资源;若不可以得到满足,运营商将拒绝租户的请求。对于异构资源请求,虚拟机之间并不对等。因此不仅要关心为某个网络结点分配的虚拟机数量,还需要具体指定分配哪些虚拟机。如果租户的请求可以被满足,还需要按照分配方式在链路上预留带宽。拟考虑通过"任务时移"与"带宽压缩"的方法进行高效的云数据中心网络资源分配。任务时移是指延迟任务的启动时刻,其主要目的在于集合任务需求的高峰。考虑到当前数据中心网络负载呈现出昼夜变化规律,通过任务时移可以把白天到达的高负载计算任务转移到夜晚运行。而带宽压缩的目的则是平衡虚拟机资源与网络资源。带宽压缩不仅可以更好地利用数据中心网络链路的碎片带宽,同时也能使虚拟机的分配更加集中化,从而进一步节省带宽资源。

7.5　数据中心自动化

7.5.1　自动化服务关键技术

较单体云数据中心的 IaaS(基础设施即服务)层而言,分布式云数据中心能提供DCaaS(数据中心即服务),用户提供的管理服务不再像普通云数据中心那样是分散的、孤立的运维系统,而是一个统一的、多功能的一体化管理系统。这是分布式云数据中心与单体云数据中心最大的区别。

分布式云数据中心的核心在于 IaaS,它负责对多个数据中心的资源做统一管理与调度,并可对各种服务(DCaaS、IaaS、NaaS)的使用者进行管理。相对于传统的互联网数据中心和单体云数据中心,分布式云数据中心对管理提出了更高的要求。在 IaaS 中,不同租户需要对应用系统、机房、计算、存储、网络等资源做到端到端的管理,由于数据中心包含复杂的计算、网络等资源,大型的数据中心无法单纯依靠手工维护。服务器自动化带来了实时的或者随需应变的基础设施管理能力,它是分布式云数据中心的基础。

服务器自动化需考虑以下 5 方面。

(1) 软件安装:集中管理服务器操作系统,批量安装多种操作系统,实现跨越操作系统的统一服务器管理,为物理、虚拟和公共云基础设施提供支持。

(2) 补丁管理:集中管理服务器补丁。

(3) 系统配置:在各种操作系统中批量地、自动地调整参数。

(4) 巡检和规则检查:通过规则对服务器或网络的关键配置信息进行检查,及时发现错误的参数配置。

(5) 自动巡检:自动收集软硬件信息并生成报表。

7.5.2 数据中心自动化服务系统架构

数据中心自动化,意味着可自动执行服务器和其他数据中心设备上的关键工作流程,主要包括:

(1) 调度数据中心日常工作流程,例如,备份、复制、下载/上载、应用程序事件以及更多以前需要手动操作的其他项目。

(2) 监控数据中心组件的状态,并在出现问题时自动向关键响应人员发出警报。

(3) 维护功能,如修补和更新设备。

(4) 服务供应和配置标准化基础架构资源,用于开发、测试或部署新的应用程序。

在用户请求的几分钟内,提供应用程序服务,无须人工干预即可满足已批准的用户请求,例如,自动化重装系统。

按需提供额外的应用程序工作负载,例如,其他 Web 服务器、应用程序服务器或负载平衡功能,或者用于将高流量数据中心的网络流量自动转移到具有备用容量的数据中心。

分布式云数据中心 Maas 管理系统主要包括门户管理、运营管理、IT 服务管理、资源管理、IT 运维管理、基础设施管理六大部分。

7.6 软件定义数据中心的高可用性

7.6.1 软件定义云数据中心网络的设计原理与基础架构

作为云计算的基础设施,数据中心往往由独立机构统一建设和运营。为了提高各类云服务的性能和收益,云计算服务提供商可根据应用需求定制网络架构和协议,并对用户自定义的网络功能进行灵活的实现。作为当前最具代表性的软件定义网络协议,OpenFlow 协议将网络控制层面与数据转发层进行分离,通过一个集中式网络控制器完成新数据流的转发控制,而交换机仅依照网络控制器的指令对数据流实施具体的转发操作。OpenFlow 协议在一定程度上能够满足对云数据中心网络数据流进行转发控制的需求,但 OpenFlow 协议仅能在网络结点的硬件层面支持数据流简单处理,难以支持很多应用在数据流传输过程中需要进行自定义深度处理(如数据流缓存、数据流网内处理等)的功能。

通过分析云数据中心网络的应用需求和网络环境特征,研究软件定义云数据中心网络的设计原理,并提出支持可软件编程网络结点和可扩展控制器的软件定义云数据中心网络基础架构。作为新一代云数据中心网络管理和网络创新的平台,其基本思路是设计可软件编程的网络结点,不仅要满足对数据流转发控制逻辑的重配置,而且能通过引入通用计算单元实现用户对数据流的定制分析处理。同时,设计可扩展性强的软件定义网络控制器,能够和云数据中心计算系统控制器及存储系统控制器协同工作。网络控制器不仅需要对数据流从网络资源管理和利用的角度进行转发控制(例如路径优化、负载均衡、安全机制),还需要具备对网络、计算和存储资源进行协同控制的能力,实现来自应用层的特定网络控制需求。

7.6.2 软件定义数据中心网络资源利用率优化

为了提高云计算的性能和服务质量,需要在给定硬件资源条件下,通过软件技术优化云数据中心网络的资源利用率。在软件定义的可定制网络架构下,研究云数据中心网络的创新路由协议和传输协议,提高密集链路资源和高速带宽资源的使用效率;通过对网络、计算和存储资源的联合优化,进一步提升云计算性能。

(1)云数据中心网络多路径路由协议研究适用于链路资源高度冗余的云数据中心网络的多路径路由协议,由软件控制器计算优化的路由路径,充分利用云数据中心网络的密集链路资源,提高云数据中心网络链路的利用率。

(2)基于编码的云数据中心网络传输协议。

研究基于编码的网络传输协议,避免 TCP Incast 等问题导致的"吞吐率坍塌"现象,通过新型编码方式确保数据传输的可靠性并提高带宽资源利用率。

(3)网络资源与计算资源的联合优化。

针对广泛使用的分布式计算框架,研究大规模数据流的高效聚合方法,大幅度降低分布式计算任务中间结果的传输量,提升网络吞吐率和云计算任务的处理效率。

7.6.3 软件定义的云数据中心虚拟网络隔离

云数据中心虚拟网络隔离是实现云数据中心安全的重要手段,主要解决虚拟数据中心网络的二层地址空间重叠、广播报文的泄露以及网络结点转发表容量限制等问题。实现云数据中心虚拟网络隔离的主要方法如下。

(1)源虚拟机所发出的分组中,把以太网头部的 VLAN 字段复用为租户 ID,以解决相同物理主机上的不同用户可能具有相同 MAC 地址的问题。由于 VLAN 具有 12b,而同一物理服务器上所能容纳的虚拟机数量远小于 4096,因此 VLAN 字段足以对相同服务器上的不同租户进行区分。出于安全考虑,一般不允许不同租户之间进行互相通信,因此,源虚拟机和目的虚拟机总是使用相同的租户 ID。

(2)通过入口网络结点的 MAC-in-MAC 封装,把用户虚拟机的原始 MAC 地址封装在分组的首部,不用于二层网络转发。只用大二层网络中的物理网络结点的 MAC 地址进行分组转发。据此,不但可以解决全网范围内不同用户的虚拟数据中心网络可能具有相同 MAC 地址的问题,还大大减轻了对网络结点转发表项容量的需求。

(3)把外层以太网首部中的 VLAN 字段复用为出口网络结点的连接目的服务器的接口号,使得出口网络结点在接收分组之后,可以正确地转发给连接的目的物理主机。软件定义网络控制器主要提供两个功能:①根据内层以太网首部的信息,映射得到外层以太网首部的信息。网络控制器维护全网拓扑以及每个租户的虚拟机 MAC 地址和位置。因此很容易根据内层以太网首部提供的租户 ID 和目的 MAC 地址信息,得到内层以太网首部需要的出口网络结点及其转发接口的信息;②根据外层以太网首部的源 MAC 地址和目的 MAC 地址信息,灵活配置分组的转发路径,实现负载均衡,提高网络资源利用率,并可以根据数据中心的安全策略需求,配置分组所需要经过的防火墙、IPS、IDS 等安全设备。

7.6.4 软件定义的云数据中心的流量工程

在软件定义的可定制网络框架下,网络控制器在收集到的云数据中心网络结点的温度、能耗、网络流量等基础上,以软件控制的方式实现节能流量工程,使尽可能多的空闲网络结点和链路进入低功耗状态。目前,提高云数据中心流量工程性能的主流方法有两种。

(1) 为了实现计算和网络性能优化,往往需要对云数据中心网络中的某些应用的数据流进行特定的路由选择和聚合处理,特别是多对一的 Incast 通信和多对多的 Shuffle 通信。网络控制器通过与计算控制器的交互,获取应用层的流量路由选择策略。在满足应用层计算性能和特殊流量聚合要求的前提下,网络控制器再从网络节能层面设计最小化网络能耗的流量转发控制策略,并配置到网络结点。该机制的主要研究挑战在于如何实现既满足应用层语义的流量性能又满足网络层节能需求的多目标优化。

(2) 基于 SDN(软件定义网络)技术的 IP 网络在流量控制方面的优势可以改善上述问题。一方面,因为 SDN 路由器由 SDN 控制器进行控制转发,SDN 控制器可以收集全网状态,根据不同业务的 QoS 需求制定业务的路由策略,提高流量传输的质量;另一方面,SDN 控制器可以综合全网状态对当前业务进行分流转发,减小了调控粒度,可有效解决 IP 网络中存在的链路负载均衡、链路拥塞等问题。

7.7 软件定义数据中心网络案例

7.7.1 Google B4

当前最著名、最有影响力的基于 SDN 技术搭建的商用网络是 Google 的 B4 网络,一方面因为 Google 本身的名气,另一方面也是因为 Google 在这个网络的搭建上投入大、周期长、验证效果好,充分利用了 SDN 优点(特别是 OpenFlow 协议),是为数不多的大型 SDN 商用案例。

虽然该网络的应用场景相对简单,但用来控制该网络的这套系统并不简单,它充分体现了 Google 强大的软件能力。这个网络一共分为三个层次,分别是物理设备层(Switch Hardware)、局部网络控制层(Site Controllers)和全局控制层(Global),它的路由架构图如图 7-4 所示。一个 Site 就是一个数据中心,第一层的物理交换机和第二层的 Controller 在每个数据中心的内部出口的地方都有部署,而第三层的 SDN 网关和 TE 服务器则是在一个全局统一的控制中。

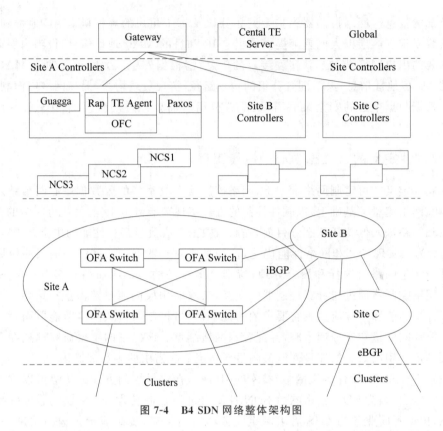

图 7-4 B4 SDN 网络整体架构图

第一层：物理设备层。

第一层的物理交换机是 Google 设计并请 ODM 厂商代工的，用了 24 颗 16×10Gb 的芯片，搭建了一台 128 个 10Gb 端口的交换机。交换机里面运行了 OpenFlow 协议，但它并非仅仅使用一般的 OpenFlow 交换机最常使用的 ACL 表，而是用了 TTP 的方式，包括 ACL 表、路由表和 Tunnel 表等。但向上提供的是 OpenFlow 接口，只是内部做了包装。这些交换机会把 BGP/IS-IS 协议报文送到 Controller 去处理。

TTP 是 ONF 的 FAWG 工作组提出的一个在现有芯片架构基础上设计出 OpenFlow 接口的一个折中方案。TTP 是 Table Typing Patterns 的缩写，利用现有芯片的处理逻辑和表项来组合出 OpenFlow 想要达到的部分功能。2013 年，ONF 觉得 TTP 这个名字含义不够清晰，无法望文生义，所以他们又给它改了个名字叫 NDM（Negotiable Data-plane Model），即可协商的数据转发面模型。NDM 其实是定义了一个框架，基于这个框架，允许厂商基于实际的应用需求和现有的芯片架构来定义很多种不同的转发模型，每种模型可以涉及多张表，匹配不同的字段，基于查找结果执行不同的动作。

第二层：局部网络控制层。

局部网络控制层在每个数据中心出口并不是只有一台服务器，而是有一个服务器集群，每个服务器上都运行了一个 Controller，一台交换机可以连接到多个 Controller，但其中只有一个处于工作状态。一个 Controller 可以控制多台交换机，一个名叫 Paxos 的程序来进行 leader 选举（即选出工作状态的 Controller），即：对于控制功能 A，可能选举

Controller1 为 leader;而对于控制功能 B,则有可能选举 Controller2 为 leader。这里说的 leader 就是 OpenFlow 标准里面的 master。

Google 采用的 Controller 是基于分布式的 Onix Controller 改造来的。Onix 是 Nicira 主导的,并由 Google、NEC 和伯克利大学的一些人共同参与设计,是一个分布式架构的 Controller 模型,用来控制大型网络,具有很强的可扩展性。它通过引入 Control Logic(控制逻辑,可以认为是特殊的应用程序)、Controller 和物理设备三层架构,每个 Controller 只控制部分物理设备,并且只发送汇聚过后的信息到逻辑控制服务器,逻辑控制服务器了解全网的拓扑情况,来达到分布式控制的目的,从而使整个方案具有高度可扩展性。

显而易见,这个架构非常适合 Google 网络,对每个特定的控制功能(如 TE 或者 Route),每个 site 有一组 Controller(逻辑上是一个)控制该数据中心 WAN 的交换机,而一个中心控制服务器运行控制逻辑来协调数据中心的所有 Controller。在 Controller 之上运行着两个应用,一个是 RAP(Routing Application Proxy),作为 SDN 应用和 Quagga 通信。Quagga 是一个开源的三层路由协议栈,支持很多路由协议,Google 用到了 BGP 和 IS-IS,数据中心内部路由器通过 eBGP 进行通信,数据中心设备之间通过 iBGP 进行通信。Onix Controller 收到下面交换机送上来的路由协议报文以及链路状态变化通知时,自己并不处理,而是通过 RAP 把它送给 Quagga 协议栈。Controller 会把它所管理的所有交换机的端口信息都通过 RAP 告诉 Quagga,Quagga 协议栈管理了所有这些端口。Quagga 协议计算出来的路由会在 Controller 里面保留一份(放在一个叫 NIB 的数据库里面,即 Network Information Base,类似于传统路由中的 RIB,而 NIB 是 Onix 里面的概念),同时会下发到交换机中。路由的下一跳可以是 ECMP,即有多个等价下一跳,通过 Hash 选择一个出口。

第三层:全局控制层。

在第三层中,全局的 TE Server 通过 SDN Gateway 从各个数据中心的控制器收集链路信息,从而掌握路径信息。这些路径被以 IP-In-IP Tunnel 的方式创建,通过 Gateway 到 Onix Controller,最终下发到交换机中。当一个新的业务数据要开始传输时,应用程序会评估该应用所需要耗用的带宽,为它选择一条最优路径(如负载最轻的但非最短路径虽不丢包但延时大),然后把这个应用对应的流通过 Controller 安装到交换机中,绑定已选择的路径,从而整体上使链路带宽利用率达到最优。

7.7.2　AWS 数据中心实例

AWS 的全称是 Amazon Web Service(亚马逊网络服务),是亚马逊公司旗下云计算服务平台,为全世界各个国家和地区的客户提供一整套基础设施和云解决方案。

AWS 面向用户提供包括弹性计算、存储、数据库、物联网在内的一整套云计算服务,帮助企业降低 IT 投入和维护成本,轻松上云。

从概念来看,AWS 提供了一系列的托管产品,能够在没有物理服务器的情况下,正常完成软件开发中的各种需求,也就是常说的云服务。例如,从存储来说,AWS 提供了 S3 作为对象存储工具,可以帮助用户存储大量的数据,并且 S3 可以被 AWS 的其他服务访问。从服务器资源来说,AWS 提供了 EC2 作为虚拟化的云服务器,提供计算型、通用型、内存计算型、GPU 计算型等类型的主机,来满足业务对服务器的需要。

在数据库方面,AWS 提供了 RDS(包含 MySQL、MariaDB、PostgreSQL)作为关系型存储以及分布式大型关系型数据库 Aurora,同时提供了多种 NoSQL 数据库以及数据仓库,如 edShift。

AWS 在各方面的业务需求上,都有对应的产品或者整体的解决方案存在,并且这些产品或者方案都有一个特点,就是全部不需要使用者拥有任何物理资源,所有的业务全部在 AWS 上运行,使用者只需要有一台计算机登录 AWS 进行管理操作即可,同时也简化了运维的工作量,如监控、报警等方面,AWS 自身就已经集成了很丰富的监控报警功能。下面介绍一个 AWS 应用实例,即北京首创热力使用 AWS 云上的 SAP 核心业务系统和 RDS 数据库系统,拓扑结构图如图 7-5 所示。

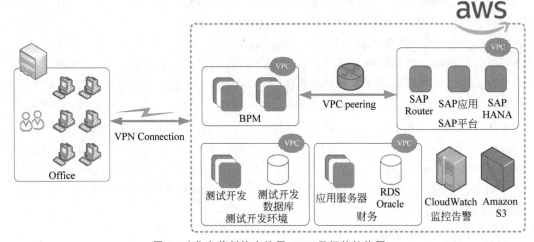

图 7-5　北京首创热力使用 AWS 云拓扑结构图

首先,相比传统物理环境,初期成本投入节省了将近 90%,解决了超大成本问题。如果在本地搭建数据中心,5 年要花 1600 万构建数据中心,采用 AWS,首年成本 80 万～100 万,次年成本无太大变化,也不需要担心 5 年后服务器是否满足业务发展需求,服务配置可以根据需要灵活更改,大大提高了效率,降低了投资成本。更重要的是没有了固定资产负担。

其次,加快了项目的上线速度,提高了工作效率。使用 AWS 云之前,在物理机上部署一套 SAP 系统至少需要一个月时间,现在部署一套 SAP 应用不到两天。再者,借助 AWS 提供的各种托管服务(Oracle、SQL Server)也加快了项目的上线速度,目前已经在 AWS 上先后部署了流程系统、收费系统、SAP、用友 NC 财务系统等。

最后,大幅度减轻了运维服务人员的工作量。借助 CloudWatch 服务,对 AWS 上运行的服务进行监控,收集和跟踪各种指标,实现服务器的透明化访问。相比传统的物理环境运维,采用 AWS,运维服务工作大大简化。

7.7.3 VMware 软件定义数据中心网络案例

软件定义数据中心是一个统一的数据中心平台,凭借前所未有的自动化、灵活性和效率,有助实现 IT 交付方式的转变。VMware 独有的软件定义方法可使数据中心服务不再受到专用硬件的束缚,从而摆脱传统 IT 复杂而不灵活的困境,VMware 软件定义数据中心示意图如图 7-6 所示,Compute 表示计算资源,Network 表示网络资源,Storage 表示存储资源。

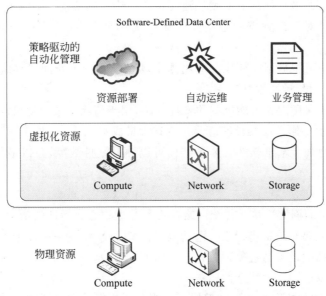

图 7-6 VMware 软件定义数据中心示意图

1. 软件定义数据中心的概况

服务器虚拟化的普及彻底改变了应用调配和管理,为企业节省了数十亿美元。但是,这些动态工作负载所连接的网络却未能跟上它们的步伐。网络调配仍然极其缓慢,甚至简单拓扑结构的创建也需要数天或数周时间。工作负载安置和移动性受到物理网络限制,并且硬件独立性需要特定供应商的专业技能。网络配置需要手动执行,而且维护起来既昂贵又需要消耗大量资源。软件定义数据中心通过创建软件驱动型抽象层(与推动计算转型的抽象层完全相同),提升了网络连接效率和安全性。除此之外,还具有其他优势:快速的编程式调配、无中断部署、在任何通用 IP 网络连接硬件上同时支持旧版应用和新应用,并使网络连接服务摆脱了与硬件绑定的限制条件。虚拟网络可以采用与虚拟机相似的方式,将逻辑网络组件(逻辑交换机、逻辑路由器、逻辑防火墙、逻辑负载平衡器、逻辑VPN 等)提供给已连接的工作负载。可以利用底层物理网络作为简单的数据分组转发底板,以编程方式创建、调配和管理逻辑网络。对于服务器虚拟化,可将逻辑网络设备和安全策略的任意组合组装到任何拓扑结构中。网络和安全服务绑定到每一个虚拟机,并随虚拟机迁移,即不需要人工干预即可大量添加或转移工作负载。

2. 软件定义数据中心的运营原则

正如 VMware 的 vCloud suite 所实现的那样,将对存储、网络连接、安全和可用性应用池化、抽象化和自动化这些虚拟化原则。这些服务将聚合起来,与基于策略的智能调配、自动化和监控功能结合在一起使用。软件定义数据中心可帮助 IT 为业务部门提供战略优势,正如虚拟化对于计算和内存一样,软件定义数据中心对于 IT 部门总体而言会带来很多好处。

软件定义数据中心主要包括以下特性。

(1)标准化。跨多个标准 x86 硬件池交付的同构基础架构可消除不必要的复杂性。

(2)全面。针对整个数据中心结构优化的统一平台,灵活支持任何乃至所有工作负载。

(3)自适应。可根据不断变化的应用需求动态配置和重新配置自编程基础架构,从而实现最大的吞吐量、敏捷性和效率。

(4)自动化。采用内置智能机制的管理框架,用于消除复杂而易出问题的管理脚本,能够以更少的手动工作实现"云级"运营并节省大量成本。

(5)恢复能力强。基于软件的体系结构可以弥补硬件故障,并以最低的成本提供前所未有的恢复能力。

3. 网络连接

(1)软件定义的网络连接。传统网络连接是数据中心灵活性的最大障碍之一。执行网络操作时仍然需要对设备进行逐一手动调配。VLAN 管理是一件令人头痛的事情,这种网络由众多单独的设备通过复杂(而且往往特定于供应商)的接口绑定在一起。软件定义的网络连接可以避开这种复杂性。

(2)简化、自动化的网络调配和部署。与服务器虚拟化在计算方面的做法相同,软件定义的网络连接将网络连接服务与底层物理网络硬件分离开。这样可以方便地创建敏捷安全的虚拟网络,以编程方式调配该网络,将其与工作负载连接,并根据需要对其进行放置、移动或扩展,甚至能够跨集群和跨单元执行这些操作。

(3)可动态重新配置网络并减少 VLAN 开销。在需要将应用移动到数据中心的其他部分时,会根据需要在软件驱动的操作中动态地创建一个新网络路径,软件定义的网络连接还可让网络服务(如核心访问和负载平衡)与硬件独立。

VxLAN 是 VMware 的软件驱动型 VLAN 标准,网络从物理约束中解脱出来,不再限于单一站点,而可以扩展到世界上的任何数据中心。操作显著简化,成本大为降低,而且 IT 部门实现了敏捷性,可以快速部署、移动、扩展应用和数据以响应业务需求。

7.7.4 阿里巴巴数据中心网络案例

网络是阿里巴巴集团基础设施的核心组成部分,承载了整个集团的各项业务。为了满足业务的多样性、复杂性、需求的弹性和敏捷性等,网络无论对规模、性能、成本,还是对稳定性和智能化运营都有着极高要求。经过过去几年的快速发展,通过引入最新技术和架构的快速迭代,阿里巴巴数据中心网络如今已站在时代之巅,正在引领未来网络技术的发展。

在过去的几年里,阿里巴巴数据中心网络快速完成了标准化和规模化改造,并从一个典型的企业数据中心网络逐渐发展成为单集群 5 万～10 万台服务器规模,总带宽达到 PB 级别的超大规模云计算数据中心网络,从软件定义网络逐渐发展成为今天的软硬件一体化的高性能网络,从传统运维模式发展成以数据和机器学习为核心的自动化智能化运营体系。

在网络带宽方面,阿里巴巴是中国首家大规模部署 25G 数据中心网络的互联网公司,为了支持高性能 AI 计算和云存储等业务,持续保持业界领先,阿里巴巴数据中心网络在 2018 年已经快速迭代到 100G 服务器接入的网络架构,并开始批量部署。400G 网络目前也已经处在实验室测试阶段,并作为未来网络技术的引领者,阿里巴巴领导行业生态推出 400G QSFP-DD 行业标准,受到了生态的广泛支持。

自 2017 年以来,阿里巴巴数据中心网络开始全面部署自主研发的 25G 和 100G 光模块,基于开源 SONIC 和可编程芯片的自主研发交换机已经小规模上线运行,和网卡厂商共同研发的流控增强机制已经开始支持大规模 RDMA 的部署。在智能化方面,阿里巴巴的最新研究和部署成果包括管理平面、控制平面和转发平面的多维度网络可视化,最新的可编程芯片提供的网络可视化功能,高效的数据获取和本地化的分布式数据处理,以及通过机器学习对故障的自动化发现和定位,通过数据绘制实时的网络流量热力图,从而动态调度业务的流量来提示数据中心网络的总体利用率等。

7.7.5 华为数据中心网络案例

1. 政府层面:华为数据中心网络助力北京市打造全国第一朵安全可控政务云

华为助力北京市政府实现国产安全可控的华为全栈云解决方案落地,构建了端到端的安全可控能力,400G 平台 CE16800 系列交换机搭载昇腾 AI 芯片,可对网络流量模型进行智能分析,构建零丢包、低时延、高吞吐的数据中心网络,并与 USG6000E 系列防火墙进行联动,帮助客户实现安全可控。

2. 教育层面:华为携手北京理工大学实现数据中心网络自动化和智能化

通过部署内置 AI 芯片的 CE16800 数据中心交换机,以及 CloudFabric 智简云数据中心解决方案,华为帮助北京理工大学缩短了 50% 以上的大数据读取时间;SDN 控制器实现了计算资源、网络资源、安全资源的池化和自动化,确保业务应用分钟级上线;FabricInsight 基于 AI 和大数据实现智能运维,帮助业务系统故障分钟级恢复。

3. 企业层面:华为助力东风汽车集团构建两地三中心数据中心网络

华为通过部署数据中心 SDN 控制器及多型号路由交换设备,为东风汽车集团打造灵活、易用、高可靠的网络平台。VxLAN 大二层技术构建的无阻塞、低时延的网络架构,满足两地三中心的业务在线迁移、多租户网络安全隔离;SDN 技术实现跨数据中心的业务迁移,网络资源模型由之前的数据中心"烟囱式"变成多数据中心网络资源池化,满足了东风汽车集团业务对数据中心网络的核心诉求。

4. 金融层面:华为两地三中心网络解决方案助推盛京银行业务高速发展

盛京银行采用华为两地三中心网络解决方案,部署了 CloudEngine 列数据中心交换机＋NE 系列路由器＋USG6000 系列下一代防火墙。数据中心内部采用 SVF 模块化和资源池化设计,提升 IT 资源利用率;USG 下一代防火墙提供精准的访问控制和全面安全防护能力;采用 TRILL 技术构建数据中心互联,提高可靠性,保证业务全年 7×24h 不中断运营,满足盛京银行新业务快速增加和网络日益扩展的需求。

5. 互联网:华为携手唯品会构筑大带宽高可靠数据中心网络

华为通过部署高度可复制的智简数据中心网络解决方案让整个建设周期缩短一半以上,全网部署华为 IP 网络产品帮助唯品会从容应对"双 11"购物节及大型促销活动带来的超大网络流量洪峰,业务零中断,保障每年数亿次订单交易业务的安全稳定。

6. 交通:华为助力中国国家铁路集团有限公司建设第一座主数据中心

为了满足不断发展的业务需要,华为助力国家铁路集团有限公司打造第一座主数据中心。创新地部署 SDN 和虚拟资源池,实现了资源的合理分配及动态调整,提高了综合计算资源的利用率;网络中部署了华为 CloudEngine 系列核心数据中心交换机,其中,汇聚层采用 40GE 链路,并具备向 100GE 演进能力,接入层采用 10GE 链路,并具备向 25GE 演进能力。可满足国家铁路集团有限公司未来业务数据大集中、开展大数据等应用的更高需求。

7. 电力:华为携手云南省电网打造高效云计算数据中心网络

云南电网省级数据中心承担着整个电网稳定运行的重大责任,对承载网络的稳定性、先进性、可靠性都有极高的要求。华为数据中心网络解决方案成熟稳定,依托于 CloudEngine 系列交换机领先的数据中心特性,解决了数据中心内部及跨数据中心的数据交换、迁移问题。面对数据中心内部连接,华为数据中心解决方案提供了全面的数据中心特性,简化维护管理、缩短虚拟机部署周期,极大提高了新业务上线和现有业务系统扩容的效率,虚拟机迁移耗费时间缩减为原来的十分之一。稳定可靠,面向未来,华为数据中心解决方案全面具备了 FCoE、TRILL、VxLAN/NVGRE、SDN 等功能,将在未来十年支撑云南电网数据中心向云计算数据中心平滑演进。

重点小结

(1) 传统的数据中心网络是典型的三层架构,包括接入层、汇聚层和核心层,主要承载的是客户机/服务器模式的应用。而在云化数据中心环境下,已经实现 IT 资源的灵活调度和弹性伸缩,用户可以实时、按需地创建或移除虚拟机实现业务的灵活部署,因而对数据中心网络提出了一些新的需求。

(2) 云数据中心的核心技术主要有:数据中心网络的多租客支持,虚拟机放置与迁移策略,云数据中心网络多路径路由协议,基于编码的云数据中心网络传输协议,网格与计算资源的联合优化,网络与存储资源的联合优化,异构资源请求的虚拟数据中心网络资源分配。

习题与思考

1. 什么是数据中心?
2. 单体云数据中心的主要特点有哪些?

3. 数据中心网络的概念是什么？

4. 传统的数据中心网络体系结构包括哪些层？

任 务 拓 展

数据中心实际上就是一个机房或者说是一组机房,在这个机房中,有着一套完整的、复杂的、大集合的系统组合,网络扁平化、网络虚拟化以及可以编程和定义的网络成为数据中心网络架构的新趋势。

本实验报告总结数据中心的规划与设计,掌握云数据中心的体系结构,掌握云数据中心的核心技术,掌握软件定义数据中心网络的典型案例。

学习成果达成与测评

项目名称	数据中心网络		学　时	4	学　分	0.2
职业技能等级	中级	职业能力	总结数据中心的规划与设计 总结云数据中心的体系结构 总结云数据中心的核心技术 总结软件定义数据中心网络的典型案例		子任务数	4 个
序　号	评价内容		评价标准			分数
1	数据中心的规划与设计		通过学习教材内容,能够理解数据中心的规划与设计			
2	云数据中心的体系结构		通过学习教材内容,熟记云数据中心的体系结构			
3	云数据中心的核心技术		通过学习教材内容,掌握云数据中心的核心技术			
4	软件定义数据中心网络典型案例		通过学习教材内容,掌握软件定义数据中心网络的典型案例			
考核评价	项目整体分数(每项评价内容分值为 1 分)					
	指导教师评语					
备注	奖励: 　1.按照完成质量给予 1~10 分奖励,额外加分不超过 5 分。 　2.每超额完成 1 个任务,额外加 3 分。 　3.巩固提升任务完成优秀,额外加 2 分。 惩罚: 　1.完成任务超过规定时间扣 2 分。 　2.完成任务有缺项每项扣 2 分。 　3.任务实施报告编写歪曲事实、个人杜撰或有抄袭内容不予评分。					

学习成果实施报告书

题 目					
班 级		姓 名		学 号	

请简要记述本工作任务学习过程中完成的各项任务,描述任务规划以及实施过程,遇到的重难点以及解决过程,总结数据中心网络的相关内容等,字数要求不低于 800 字。

考核评价(按 10 分制)

教师评语:	态度分数	
	工作量分数	

考评规则

工作量考核标准:

1. 任务完成及时。

2. 操作规范。

3. 实施报告书内容真实可靠,条理清晰,文笔流畅,逻辑性强。

4. 没有完成工作量扣 1 分,故意抄袭实施报告扣 5 分。

第8章　数据中心的资源汇聚技术

知识导读

数据中心网络需要能够保证各类应用的弹性带宽需求。当租户提出不同的需求时，数据中心网络需要能够自动、迅速地给出资源分配方案，尤其是充分利用数据中心的路径资源与服务能力。本章将讨论多路径并发传输技术以及云端服务组合等资源汇聚技术。

学习目标

- 了解传输层协议的现状及发展
- 了解多路径传输的技术优势
- 了解云数据中心的主要特点

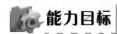

能力目标

- 熟悉 MPTCP
- 掌握在软件定义网络中基于多路径传输的方案
- 掌握云端服务组合及资源汇聚技术

相关知识

8.1　虚拟数据中心的传输层协议

8.1.1　数据中心的网络需求

随着服务种类的多样化，新型服务层出不穷，人们在享受各类服务所带来的便捷的同时，也对数据中心网络提出了新的要求。多样化的业务将导致对带宽需求的持续增加。云计算业务、多媒体业务的进步，移动互联网性能的提高，以及日益普及的移动终端设备，使人们对数据的消费加速增长。有研究称，到 2024 年年底 5G 覆盖能够达到 40%，届时全球用户流量需求将达到 2.3×10^{23} B。面对如此大的流量，如果只是一味地扩大现有网络的规模，人力开销和网络运营成本的增加将无法预计。据统计，2017 年 12 月，亚马逊 S3 已经存储接近 10 万亿对象(每个对象的容量上限为 1TB)。这样的用户群体和流量需求不容小觑。

数据中心的工作不仅包含处理用户对数据的访问，同时也要在后台对数据进行管理操作(其中包括处理、索引、同步和备份等操作)。数据中心的租户数量呈大幅上升趋势，不同的租户又承载着不同的业务，不同的业务对于网络的服务质量要求也是不一样的。其中常见的服务质量参数有分组丢失率、传输时延、可靠性等。

如金融业务对实时性、可靠性要求非常严格,股票交易时间抢点可能会导致租户收益的显著差别,但是,电子邮件业务则可忍受较高的传输时延和秒级以上的系统故障。同时数据中心还面临着如何提供弹性服务的问题。例如,大型体育比赛中,很多用户会通过移动设备获取相关资料,也会通过文字、图片、音频、视频等分享现场实况。随着视频业务的不断发展,在类似的情况下,数据消耗总量将会出现巨大增长,数据中心网络需要能够保证这类应用的弹性带宽需求。当租户提出不同的需求时,网络需要能够自动、迅速地给出资源分配方案。好的分配算法不但能满足不同租户通信过程中对服务质量的要求,而且具有低的计算复杂度。现有的算法仍然存在不少问题,计算复杂度和拥塞是无法保证服务质量的两大问题。如何找到一个既能保证带宽又简单高效的路由方法,仍是一个研究热点问题。

8.1.2 传输层协议的现状

目前数据中心沿用的是 TCP,但是 TCP 是针对互联网进行开发的,设计中并没有考虑数据中心特殊的网络环境。如图 8-1 所示,对比 TCP/IP 模型与 OSI 模型可以看出传输层所处的位置。传输层在终端之间提供数据的透明传输,向上层提供可靠的数据传输服务。

OSI模型	TCP/IP协议					TCP/IP模型
应用层	文件传输协议	远程登录协议	电子邮件协议	网络文件服务协议	网络管理协议	应用层
表示层						
会话层						
传输层	TCP				UDP	传输层
网络层	IP	ICMP	ARP		RARP	网络层
数据链路层	以太网 IEEE 802.3	FDDI	Token-Ring/IEEE 802.5	ARCnet	PPP/SLP	网络接口层
物理层						硬件层

图 8-1 TCP/IP 模型与 OSI 模型对比

正如上面提到的,由于数据中心网络应用的特殊性,即特殊的网络环境,会出现在特定环境下 TCP 性能急剧下降的情况,学者们将这一典型的现象称为 TCP 入播(TCP Incast)。同时,数据中心网络拥有比互联网更为丰富的链路资源,而传统传输层协议是单路径的,不能充分地将丰富的链路资源利用起来,出现了大量资源闲置的情况。同样,不同的数据中心应用对服务质量要求的不同,可能需要使用不同的传输协议,因此近年来在数据中心内也出现了不少 TCP 的变种。

数据中心网络环境为多播提供了很好的前景,但实际应用中的多播部署仍需解决不少问题。目前,数据中心网络的设计趋势是使用低端交换机进行网络互联,而用户需求可能导致大量的多播组,超过低端交换机的硬件限制。此外,云计算服务的服务质量需求对多播数据传输的可靠性也提出了较高的要求。

8.1.3 传输层协议的发展

数据中心的典型分布式文件系统场景,即一台客户端向多台服务器同时发出数据请求,这些服务器在收到请求后,会向发出请求的客户端同时返回数据。然而由于数据中心普遍采用低端交换机,这种通信模式会造成交换机的缓冲区溢出,发生分组丢失,从而导致网络吞吐量急剧下降,这种现象被称为 TCP Incast。

发生 TCP Incast 的前提条件包括:①网络具有高带宽、低时延特性,而且交换机的缓存小;②网络中存在同步的多对一流量;③每条 TCP 连接上的数据流量较小。

如图 8-2 所示,TCP Incast 场景一中,多台工作机器把数据发送给一台负责聚合的机器,这时会造成聚合机器所连接的交换机端口上缓冲太多的数据分组,因缓冲区不足而丢弃新收到的分组。这时有些工作机器会出现超时重发。

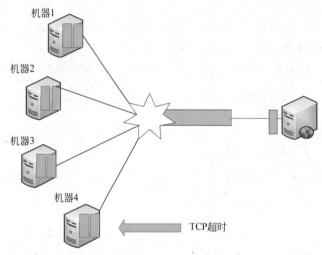

图 8-2 TCP Incast 场景一

另一种场景如图 8-3 所示,两种机器同时给另一台机器发送数据,其中一台发送的数据量很大,这样使得接收者上连的交换机端口缓冲区缓冲了大量数据分组,使得另一个发送者发送的少量数据分组产生较大延迟。

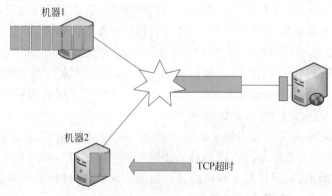

图 8-3 TCP Incast 场景二

传统 TCP 的重传定时器(RTO)一般不低于 200ms,而数据中心网络环境的往返延迟(RTT)一般在微秒数量级,因此一旦发生超时重传,将会导致网络链路长时间处于空闲,从而造成网络吞吐量严重下降。所以,解决 TCP Incast 问题大致有以下方案:①减少 RTO 值,使之与 RTT 匹配;②设计新的拥塞控制算法;③采用基于编码的传输方案。

由于 RTO 的值与 RTT 匹配,即使发生超时重传,发送端也能及时重传丢失的数据以进行数据恢复,不会造成链路长时间处于空闲状态,从而保证了网络吞吐量不会大幅下降。但将 RTO 值修改为微妙级别往往需要升级操作系统甚至硬件。另外,在光交换网络中,即使微秒级别的 RTO 对性能的改善也不会太明显。

ICTCP(Incast Congestion Control for TCP)和数据中心传输控制协议(Data Center TCP,DCTCP)通过设计新的拥塞控制算法来解决 TCP Incast 问题。ICTCP 通过实时监测接收方的流量速率来动态调整接收方的接收窗口,从而有效控制发送方的发送速率。ICTCP 对接收窗口的调节机制采用与拥塞窗口相同的机制:慢启动和拥塞避免。如图 8-4 所示为 ICTCP 的模块在驱动中的层次位置和具体的虚拟机中需要支持的软件协议栈。DCTCP 的核心思想是在不影响网络吞吐量的前提下,尽量保持交换机中队列长度较短。DCTCP 的实现利用了显式拥塞通知(Explicit Congestion Notification,ECN)功能,在交换机队列长度超过一定阈值时,向源端通告并让源端降低发送速度,避免分组丢失。同时,发送方收到拥塞通告后,不再单一地将拥塞窗口减半,而是根据当前网络的拥塞轻重情况相应地减小拥塞窗口大小。

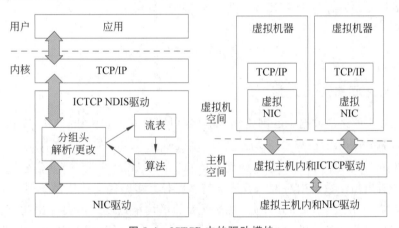

图 8-4 ICTCP 中的驱动模块

DCTCP 已经应用在 Windows Server 2012 中。这对网络流量提供了更为详细的控制,允许 DCTCP 在仍然实现高吞吐量的同时,以非常低的缓冲占有率运行。

相比于传统的 TCP,DCTCP 在以太网交换机数据分组缓冲区中占地较小,同时还实现了完整吞吐量的效率。图 8-5 描绘了使用 DCTCP 和 TCP 时网络交换机中的队列长度。两个不同的 1GB/s TCP/IP 流将定向到两个不同的交换机端口,并将合并成一个单一的 1GB/s 输出端口。

UDP 没有类似 TCP 的拥塞控制机制,因此即使发生分组丢失,也不会造成发送方降低发送速度或停止发送。但采用 UDP 同时也带来了挑战:一是 UDP 无法保证数据的可

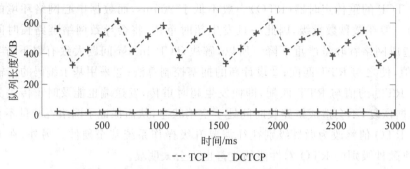

图 8-5　DCTCP 和 TCP 交换机中的队列长度对比

靠传输;二是 UDP 会不公平地抢占网络中其他 TCP 流的带宽。该方案使用了数据喷泉码保证数据的可靠传输,并通过部署 TCP 友好速率控制(TCP Friendly Rate Control,TFRC)来保证 TCP 友好。

与互联网为所有应用提供公共的传输协议不同,不同的云数据中心往往运行不同的典型应用。因此,为特定的数据中心应用定制不同的传输协议,是数据中心网络传输协议研究的一个重要方向。比较有代表性的协议是 D^3 , D^3 针对数据中心的实时应用,通过分析数据流的传输数据大小和完成时间需求,为每个流显示分配传输速率。当网络资源紧张时,主动断开某些无法按时完成传输的数据流,从而保证更多的数据流能按时完成传输。实验表明,与传统 TCP 相比, D^3 可以大大增加数据中心的吞吐率。

8.2　多路径并发传输

8.2.1　结点之间多路径连接

表 8-1 对几种典型数据中心网络结构的多路径(Multiple Paths,MP)支持、二分带宽(Bi Section Bandwidth,BiW)、平均结点度(Average Node Degree,AND)、构建复杂度(Construction Complexity,CCP)及构建成本(Construction Cost,CC)等进行了对比,可以很明显地看出新型数据中心网络普遍支持多路径。多路径支持使得新型网络结构具有了更好的容错特性、更高的二分带宽,以及更大的平均结点度。需要指出的是,提高网络的二分带宽是多路径的必然结果,也是新型数据中心网络结构设计的主要目标。更大的二分带宽意味着更高的网络传输能力,而更大的结点度则意味着网络的构建复杂度将增加,但使用商业交换机抵消了这种复杂度的增加,使得新型网络的构建成本普遍更低。

表 8-1　典型数据中心网络结构属性的对比

结　　构	MP	BiW	AND	CCP	CC
Tree	不支持	1	$\dfrac{2d^3+d^2+d+1}{d^3+d^2+d+1}\approx 2$	低	高
Fat-Tree	支持	$N/2$	$\dfrac{6d}{5+d}\approx 6$	高	低

续表

结　构	MP	BiW	AND	CCP	CC
Portland	支持	$N/2$	$\dfrac{6d}{5+d}\approx6$	高	低
DCell	支持	$\dfrac{N}{4\log_{4n}N}$	$\dfrac{n(k+2)}{n+1}\approx6$	高	低
BCube	支持	—	$\dfrac{2n(k+1)}{n+k+1}\approx6$	高	低

8.2.2 多路径传输的技术优势

网络接入技术也是一大热点,为提供端到端的宽带连接,各种接入技术逐渐出现并开始成熟,越来越多的终端设备开始具有多网卡,具有了同时接入多个网络的能力,使多路径传输的推广成为可能。下面列举3个例子,来说明推广多路径传输的必要性,以及多路径传输较之传统 TCP 的优点。

(1) 移动设备(例如手机)在漫游过程中,会在不同的基站间进行迁移,它们的通信地址或接口需要定期改变。传统 TCP 静态的一对一映射关系,难以满足这样的场景,不能保证直接切换,而是要重新建立。

(2) 越来越多的智能手机终端普遍支持移动数据业务和 Wi-Fi 接入,如图 8-6 所示。传统 TCP 只能使用其中之一来接入网络,而多路径传输可以同时利用两种手段接入网络,在一个 TCP 连接中利用不同的网络连接,可以为应用提供更好的网络保障。当然在这种场景下,需要提前获得用户的同意,因为移动数据业务可能产生大量的费用。

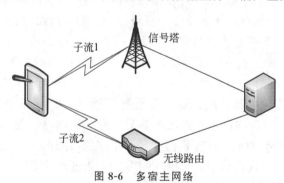

图 8-6　多宿主网络

(3) 数据中心内部存在着大量的流量,同时这些流量呈增长的趋势。在数据中心内部存在着大量的冗余链路,如图 8-7 所示,利用这些链路,能够将这些链路的可用带宽进行捆绑,从而适应数据中心内部的流量需求。这也正是多路径传输的一个主要应用场景。

端到端的多路径传输带来以下几个优势。

(1) 带宽聚合。将多条接入路径的带宽有效地聚合起来,以获得更大的吞吐量。

(2) 可靠性。当多条端到端的路径中的某条路径失效时,不会影响服务的连续性。在提供网络层冗余的同时,保证了传输的可靠性。

(3) 安全性。属于同一应用的数据从多条路径传输,加大了从某些路径窃听数据进

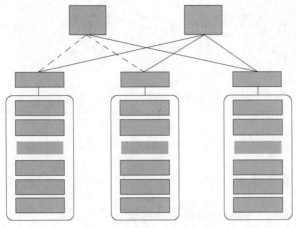

图 8-7　数据中心网络拓扑

而尝试恢复初始数据的难度,保证更好的数据私密性。

（4）负载均衡。多条端到端路径同时使用,可根据网络中的拥塞情况动态地调整不同路径的数据发送速率,实现网络接入侧的负载均衡。

8.2.3　MPTCP 综述

多路径网络并不是一个新想法,多路径传输控制协议（Multi-Path TCP,MPTCP）的思想至少可追溯到 1995 年。流控制传输协议（Stream Control Transmission Protocol,SCTP）的开发是为了达到同样的目标,但由于软件和硬件需要被重写以支持它,最终没有被广泛采用。过去十几年中,众多对多路径传输可行性、设计以及标准化的研究推翻了一些科学家对多路径传输可行性的质疑。多路径传输的可行性、稳定性、效率得到了理论上的证明,多路径路由和拥塞控制的研究也进一步加速了多路径网络的发展。

IETF 在 2010 年成立了多路径传输控制协议工作组,专门负责 MPTCP 的标准化,致力于研究 MPTCP 能够向后兼容 Internet 协议栈采用的标准 TCP,以及解决多路径网络中路由选路、拥塞控制、安全性、稳定性等重要问题。2010 年年中,第一个 MPTCP 草案 RFC 6824 被提出,协议的设计和实现在草案中有了明确的规范。自此,MPTCP 的研究进展显著。但是直至目前,MPTCP 仍然是一个实验状态的 RFC。根据 MPTCP 的设计,它运行在 Internet 协议栈采用的标准 TCP 之上,通过在 TCP 报头中的选项字段附加 TCP 选项的方式,来扩展标准 TCP 的功能。

MPTCP 的设计初衷与预期目标是改变传统 TCP 一对一的静态映射关系,能够支持多路通信,实现带宽捆绑,从而提高整体的吞吐率;MPTCP 需要能够向后兼容传统 TCP,MPTCP 的每条子流实际上就是一条 TCP 连接,这些子流需要与链路上背景流量中的传统 TCP 保持一致,没有特权去占用更多的资源;MPTCP 应该具有对所建立的所有子流的管理控制能力,选择在性能好的链路上的子流去传输数据,能够动态地建立、释放子流连接,这也是一种拥塞避免的方法。

MPTCP 是对传统 TCP 的一种扩展,这种扩展使得用户能够在不相关的路径上进行数据传输。MPTCP 为用户发现能够提供的路径数目,建立对应连接,并在这些路径上以单独的子流方式进行数据传输。

IETF 的 MPTCP 工作组对传统 TCP 进行了功能上的扩展,扩展后的 MPTCP 的层次结构与传统 TCP 的层次结构对比如图 8-8 所示。MPTCP 的主要改动在于添加了MPTCP 层,这样通信双方从应用层来看,传输层与传统 TCP 是一致的,仍然可以视为单路通信,这样的好处是应用不需要做太多改动;原有的 TCP 层变为多个子流层,而每个子流层又都对应一个 IP 层,也就是每个子流可以视为一个 TCP 连接。

应用层	应用层	
TCP	MPTCP	
	子流(TCP)	子流(TCP)
IP	IP	IP

图 8-8　MPTCP 与传统 TCP 的层次结构对比

新添加的 MPTCP 层的主要功能如图 8-9 所示,其位置在应用层和传输层之间,功能可以概括为两部分:数据分组调度和路径管理。

数据分组的调度功能需要完成以下任务。

(1)分流,把应用层传来的数据根据路径情况进行调度、处理后,分配到不同的子流上传输。

(2)子流的接口,在接收数据时,把下属的多个子流提交上来的有序数据,根据序号进行映射,使子流层次上有序的数据变成数据层次上有序的数据,进而提交给应用层。

(3)拥塞控制,同分流过程紧密相关,控制每个子流的发送速率。路径的管理功能主要负责通信双方路径的发现,网卡信息的交互,以及动态的通告、撤销信息。

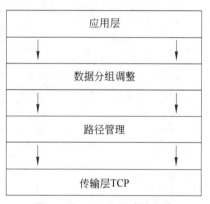

图 8-9　MPTCP 层功能示意

如图 8-10 所示的是 MPTCP 交互序列。在一个 MPTCP 连接中,每条子流都是有着独有的序列号的标准 TCP 连接。每条子流的建立都类似于传统 TCP 的建立过程,即三次握手,不同之处在于所携带的选项。在主连接建立时,发送方(支持 MPTCP)在 SYN分组中添加 MP_CAPABLE 选项,如果接收方同样支持 MPTCP,则之后的两次握手中也会添加 MP_CAPABLE 选项。之后的添加子流过程中,所添加的选项则为 MP_JOIN。

一个单独的 MPTCP 连接中,包括一个 MPTCP 发送缓冲区、一个所有子流互相共享的 MPTCP 接收缓冲区和每条子流的接收缓冲区。子流的接收缓冲区是用来保存子流中无序到达的数据,然后保证将有序数据提交给 MPTCP 接收缓冲区。所以,MPTCP 对数据的编号机制与传统 TCP 也是不同的,采用了两级模式,即子流层次序列(Subflow Sequence Number,SSN)和数据层次序列(Data Sequence Number,DSN),它们在数据序列信号选项中,如图 8-11 所示。这两个序号实现了数据在子流层次和数据层次的映射关系转换。

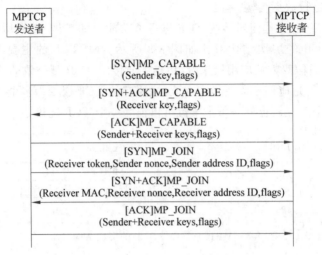

图 8-10　MPTCP 交互序列

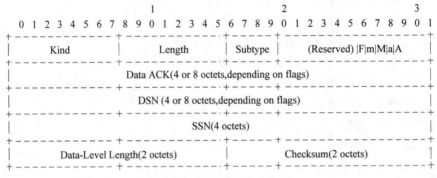

图 8-11　数据序列信号选项

8.2.4　多路径传输机制设计

在 SDN 中,"软件定义"让用户更具主动性,用户可以根据自己的需求开发、控制自己的应用和硬件平台。对于 SDN 而言,其本身是一个集中控制架构,将多个网络结点统一控制起来,可以较容易地获取网络设备信息并控制网络设备,对应用/客户呈现一个统一的网络视图,其中有交换机、路由器、虚拟机、存储、虚拟子网以及用于虚拟子网之间通信的虚拟网关,用户可以按照自己的网络规划去配置虚拟机的 IP 地址、配置子网及子网间的路由规则,这都为用户实现自主灵活构建私有网络及网络的灵活控制提供了良好的平台。

如何利用 SDN 的开放定制和集中控制特性,解决 Internet 封闭、僵化的问题,赋予用户自定制网络体系和网络协议的能力,提升网络的可视性和可控性,支持用户自主定义个性化的网络规则和控制策略,是目前 Internet 技术领域急需解决的一个技术难题。

根据以上问题,设计者提出一种在软件定义网络中基于多路径传输的方案,以解决在 SDN 网络中的 MPTCP 应用问题,最终实现提高用户业务体验,提供智能化、个性化服务的目标。

为了达到上述目的,本书提出了一种基于软件定义网络的开放虚拟网络构建系统,包括以下几个功能模块。

1. 网络拓扑信息探测模块

网络拓扑信息探测模块负责网络拓扑信息的探测,这里的网络拓扑主要指的是虚拟交换机之间的相对逻辑位置的拓扑结构,即拓扑结构是逻辑上的,而并非物理上的;所述的网络拓扑信息由 SDN 控制器负责探测并将结果报给应用程序。由于网络拓扑信息是动态变化的,SDN 控制器每隔一段时间向所负责的虚拟交换机发送探测分组,以确定该虚拟交换机的有效性;每个虚拟交换机都与 SDN 控制器直接相连,构成了所述的网络拓扑图的结点;对于结点间的链路信息,可以将 SDN 控制器看作根结点,利用 Double Tree 算法进行探测。

当发生结点增加或失效时,在所述的网络拓扑图中添加或移除该结点及相连的边;当链路失效时,在所述的网络拓扑图中将对应边移除,以保证网络拓扑信息的正确性。

探测内容包括结点的状态与链路的状态,分别是活动、挂起、停机。其中,活动状态是指结点或链路工作正常且有流量经过;挂起状态是指结点或链路处于空闲状态,即工作正常但无流量经过;停机状态是指结点或链路出现异常,不可正常工作。根据以上信息,网络拓扑信息探测模块构造结点和链路的状态数据结构表,并将其提交给网络资源整合模块。

2. 网络边缘侧主机网卡地址获取模块

网络边缘侧主机网卡地址获取模块主要负责控制器获取网络边缘的主机的网卡地址。由于在网络拓扑信息探测模块中,控制器只能感知到交换机侧以内的信息,无法直接获取到处于网络边缘的主机的网卡信息,即控制器不能感知哪几个 MAC 地址是属于一个主机的。而在端到端的 MPTCP 通信中,为了使主机建立的多条子流在网络中经过的路径不相关,控制器需要感知到哪几个 MAC 地址是属于一台主机的。为了让控制器获取到网卡的地址信息,需要交换机能够将带有添加地址选项的数据分组,通过 Packet_in 消息发送给控制器。但是添加地址信息一定是在 3 次握手信息之后才发送的,此时主连接已建立,添加地址信息原本就是主连接双方的信息交互,所以带有添加地址选项的数据分组一定能与主连接下发的流表项匹配上,并在主连接的链路上传输。添加地址信息与普通数据分组的区别在于传统 TCP 分组头后面的扩展选项,可是这些选项的不同只有通过解析才能得到,而此信息又是任何时间都可用的,交换机不可能为此去解析每个到达的数据分组。经过上面的分析,解析数据分组的做法是被否决掉的,我们仍然希望通过 Packet_in 消息将添加地址信息发送给控制器。因为不能破坏主连接中正常的数据传输,所以不能修改流表项。那么只能在主机发送添加地址信息时,对其分组头的信息进行修改,使其不能与流表项相匹配。

3. 控制器选路模块

控制器选路模块负责根据拓扑发现模块得到的拓扑信息和控制器获取网络边缘侧主机网卡地址模块获得的主机信息,计算从发送方到接收方的所有不相关路径。不相关的路径指不共享相同的链路或者结点。不相关路径可以互为备份,同时可以更好地利用网络资源。它主要关注链路上的瓶颈，认为瓶颈不出现在交换结点。当然，结点不相关路径问题也可以通过图的转换，转换为链路不相关路径问题。

4. 网络多路径管理模块

网络多路径管理模块负责管理 MPTCP 建立子流的模式，MPTCP 中的路径管理方式(Path Manager)现有两种：fullmesh 模式和 ndiffports 模式。fullmesh 模式是在通信双方都有一张或多张网卡的情况下，对每一对网卡都建立一条 TCP 连接($N×M$)，但限制是每一对网卡之间只能建立一条连接。ndiffports 模式是在通信双方不再添加地址信息，仅在一对网卡建立 num_flows 条子流，但只充分使用了通信双方设备中的一张网卡，其他网卡没有得到利用。结合 fullmesh 模式与 ndiffports 模式的优点和不足，设计出一种新的模式，其特征如下。

(1) 在通信双方每一对网卡之间建立多条子连接($N×M×num\_flows$)，每对网卡间建立的最大连接数可通过配置文件动态调整。通过前面对 MPTCP 和 OpenFlow 协议的简介和需求分析，不难发现利用 SDN 架构的特性可以容易地获取网络侧设备、链路的信息，这些信息可以对多路径的选路、建立、调度提供良好的支持。

(2) 在控制器选路模块中，控制器会为通信双方计算出一定数目的链路不相关的路径，由于每张网卡的接入技术不同，那么每对网卡间能选出的路径数目也不尽相同，而且路径之间在选取过程中可能互相影响。发送端会发起 $N×M×num\_flows$ 条连接，控制器根据先前的选路结果有选择地为其下发流表，也就是说，会变为 $N×M$ 个数的加法，每个数的范围为 0~num_flows。

5. 控制器流表下发模块

控制器流表下发模块主要负责控制器给交换机下发流表指令，MPTCP 中描述了MPTCP 层的两大功能：数据分组调度和路径管理。为了满足这两个功能，需要实现对网卡地址信息的添加、移除，对子流的建立、删除，而且这些操作在连接的整个存在生命周期中的任意时刻都可能发生，所以需要能够识别出不同子流之间的区别，这样才能保证快速地响应，对流表项进行修改。

在一个 MPTCP 连接的所有子流可以先根据是否属于同一对网卡进行分类，因为它们都属于同一个业务，所以具有相同的目的端口号。同一对网卡中的不同子流具有不同的源端口号，便有了区分子流的能力，而这些信息都是 OpenFlow 协议流表项中匹配域会进行匹配的信息。

下面通过一次 MPTCP 连接的建立过程将整个机制的思路进行梳理，如图 8-12 所示为机制整体流程。

在发送方建立连接之前，控制器应该已经获取了整网的全局拓扑信息，测量了交换机与交换机之间连接的带宽和时延。

当发送方发起主连接时，带有 MP_CAPABLE 选项的 SYN 数据分组到达接入侧交换机，交换机没有能够与之匹配的 Flow Entry，只能按照提前下发的 Table-Miss Flow Entry 中的规则进行动作。在 Table-Miss Flow Entry 中，指定的动作是将数据分组输出到控制器一端，这样便触发了控制器中的 Packet_in，对应处理件控制器会为其选出路径，向相关的交换机下发流表(双向，即发送方到接收方和接收方到发送方)，再用 Packet_out

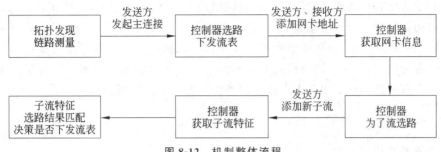

图 8-12　机制整体流程

将数据分组发送给之前提交上来的交换机,数据分组将按照下发好的流表到达接收方处。之后的两次握手和在主连接上的数据传输都将在此路径上完成。

　　之后,发送方和接收方会依次将自己的网卡信息利用重复应答的方式发送给对方。为了能够让控制器获取到这些信息,需要在 MPTCP 发送此类信息时进行修改,使得带有网卡信息的数据分组不能与下发流表进行匹配。带有网卡信息的数据分组将会和第一次握手数据分组一样被输出到控制器,控制器将对信息进行提取,然后将数据分组修改成原样,再交给交换机,传输给对方。

　　此时,控制器就获得了通信双方的全部网卡地址信息,可以根据这些信息和事先获取的全局拓扑信息进行选路,每对网卡之间都会选择出 0～num_flows 条路径。为使得发送方能够在每对网卡间发起 num_flows 条连接,事前要对 MPTCP 中的 path_manager 进行修改。本次研究将原有的 fullmesh 模式进行了加强,把 ndiffports 模式的一对网卡间 num_flows 条连接融合进来。每个子流在连接时,都会发送带有 MP_JOIN 选项的 SYN 数据分组,该数据分组也会因为没有与之匹配的 Flow Entry,而被输出到控制器。控制器将从 SYN 数据分组中提取子流特征信息,与之前的选路结果进行匹配,判断此 SYN 数据分组的这对网卡间是否还有可以铺设的路径,如果有则为其下发流表,并在选路结果中进行标记,即该子流建立成功;如果没有则丢弃该数据分组,即该子流建立失败。

8.3　能力汇聚与组合技术

8.3.1　云计算环境与服务组合

　　随着人们对海量数据和复杂应用的需求的增长,计算模式已经从集中封闭式转向开放分布式,如网格计算、分布式计算、云计算等。云计算已逐渐成为当前学术研究领域关注的焦点,它与网格计算在架构和技术上有很多共同点,但在安全性、编程模型、计算模型、应用等方面又有不少差异。目前比较典型的云计算平台包括 Amazon EC2、Google APP Engine、Microsoft Azure、Eucalyptus 和 IBM Blue Cloud。云计算是使用户能够如同使用公共资源(如电力、水、燃气等)一样来使用按需计算能力的一种范式。它是一种使用虚拟化技术以服务的形式为用户提供各种计算资源(如处理能力、存储资源和带宽资源等)的新型计算模型。云计算平台提供的各种服务可以通过网络并使用多种客户端来供用户访问。云计算有效地结合了分布式计算和网格计算,并融入了弹性商业模型,通过提供共享的按需计算资源来减轻服务提供者同时面临的冗余(或短缺)的计算能力问题。用户可以在初始时只向云服务提供商申请一小部分资源;当需求增加时,再申请更多的资源;相反,当需求降低时,也可申请将部分或全部资源回收。云服务提供商根据用户得到的计算资源的效用来收费,这种模式有效节约了系统负荷和用户成本。云计算服务提供商可以在没有大量硬件支出和人力投入的条件下开发和部署新服务。

8.3.2 云数据中心的主要特点

1. 云数据中心 5 个基本要素

(1) 按需自服务。云平台使用者在不需要与资源提供者交互或只需极少交互的情况下,可以在特定时间使用所需的计算资源(如 CPU 时间、网络带宽、存储能力等),来满足自己特定的需求。

(2) 广泛的网络接入。云计算提供商可以通过网络将这些计算资源提供给使用者,用户在异构平台(如手机、平板、计算机等)上可以通过多种多样的应用远程使用云上的资源。

(3) 资源池。一个云计算提供商的计算资源通过多租户和虚拟化技术被池化为不同的物理和虚拟资源,并根据需求提供给多个使用者。

(4) 快速弹性。只要云使用者事先与云提供商达成协商,在云使用者需要计算资源时,云平台可以自动为其立即增加指定数量的资源;当云使用者使用完这些资源后,云平台可以自动立即回收它们。

(5) 定量服务。虽然计算资源在云计算中被池化并且被多个使用者共享,但云基础设施能够使用合适的机制来精确地测量每个使用者消耗的资源量,并定量提供资源,按用户实际效用收费。

2. 云数据中心主要特点

(1) 大规模。云计算平台通常具有大量服务器等计算和网络设备作为基础设施。云数据中心通过整合和管理这些数目庞大的服务器集群,提供给用户前所未有的计算、存储等能力。

(2) 虚拟化。虚拟化是云计算的底层支撑技术之一。用户通过网络可以在任意位置、使用各种终端获取云计算的应用和服务。当向云计算平台请求某种服务时,用户不需要了解该服务在云计算平台中底层的实现细节,服务甚至会跟随用户的移动在不同地域的服务器之间迁移,这实现了用户访问对云计算服务实现的透明性。云服务提供商也可以通过虚拟化技术整合系统资源,从而达到动态调度、降低成本的目的。

(3) 伸缩性。云计算平台中的服务器可以在不停止服务的情况下随时加入或退出整个集群,同时云资源可以根据用户需要进行自动和动态调整。

(4) 敏捷性。用户不需要了解云计算的具体机制,就可以获得并快速使用所需要的服务。云计算通过屏蔽底层实现细节对外开放各种服务,因此用户能够使用云服务快速地开发和部署自己的应用和服务。

(5) 按需服务。云计算环境使用资源池来实现对资源的动态调度,因此用户可以根据自己当时的需求申请相应的资源,也能够随时调整资源配置来应对需求的实时变化,这就避免了软/硬件和相关设施等方面的大量前期投入。

（6）通用性。云计算平台可支撑多个不同类型的服务同时运行，并保证这些服务的运行质量。

（7）多租户。由于云计算使用的多租户技术实现了多个用户之间的服务隔离，当某一个服务崩溃时不会影响到其他正在使用的服务。

（8）容错性。云计算提出之初就是建立在使用个人计算机的前提之下，该类设备的稳定性无法支撑长期的在线服务，因此结点失效将成为常态。云计算拥有良好的容错机制，当某个结点发生故障时，可以轻易地通过数据多副本容错、心跳检测、计算结点同构可互换等措施保证服务的持续性。

（9）规模化经济。由于采取了特殊容错措施，可以采用极其廉价的结点来构成云计算平台。云计算环境的规模通常较大，云计算服务提供商可以使用多种资源调度技术来提高系统资源利用率，从而降低使用成本。

（10）自动化管理及完善的运维机制。从用户视角来看，应用、服务、资源的部署和管理都是通过自动化的方式进行的，这降低了云数据中心的人力成本。从云计算提供商视角来看，他们有专业的团队帮用户管理信息，有先进的数据中心帮用户保存数据，并且制定了严格的权限管理策略以保证用户关键数据的安全。

8.3.3　云计算中的服务组合

因为在云计算环境中单个服务的功能单一，所以将多个服务组合成为复合服务被认为是快速满足用户复杂商业需求的有效方法。除此之外，云计算平台中丰富的服务也为使用服务组合来满足用户需求的工作提供了基础。用户使用不同的云服务，进而将它们组合成新的解决方案，也是云计算所提供的最重要的价值。传统的开发方式是利用云计算中 3 种模式（SaaS、PaaS 和 IaaS）提供的基础资源重新开发新应用。然而，服务组合是指按照某种特定顺序调用现有云计算服务（如 SaaS 和 PaaS）而形成复合服务的过程。云环境下服务组合的步骤可以分为：服务请求的提交、服务选择、服务执行及结果反馈。服务请求可以使用功能性描述和非功能性参数来刻画复合服务，其中，功能性描述表明复合服务能够做什么，非功能性参数则表明复合服务的性能如何。收到服务请求后，系统根据复合服务中每个子任务的功能描述选择服务。随后，服务选择过程根据用户对复合服务非功能性参数的描述，对每个服务选择合适的服务实例来满足用户多种多样的全局 QoS 需求。最后，系统按照服务被调用的先后顺序和结构依次调用被选出的服务实例，并将得出的结果返回给用户。

8.4　核心应用聚合云端

8.4.1　服务组合示例

一个关于旅行预订的服务组合示例如图 8-13 所示。一个旅行者打算去另一个城市观光游览，在出发之前他用手机通过服务组合门户网站向云计算系统提交了一个旅行预订请求,网关将他的请求转发到存储着所有服务实例信息的服务目录,服务目录通过分析请求找到功能满足的服务,并根据请求中所要求的非功能性参数(如价格、时延、可靠性等)及系统的性能参数(如 CPU 占用率、带宽占用率等)选择复合服务中合适的服务实例,之后由云计算平台使用功能性数据依次调用相关服务实例。

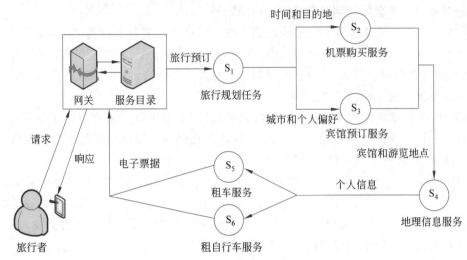

图 8-13　一个关于旅行预订的服务组合示例

　　首先,旅行规划服务 S_1 收到从服务目录发送的旅行预订请求后,依据时间、目的地和个人偏好等选择合适的航空公司和宾馆。之后,S_1 将相关信息传输给机票购买服务 S_2 和宾馆预订服务 S_3,S_2 和 S_3 并行执行,当执行结束后它们将宾馆和景点信息传送给下一个服务——地理信息服务 S_4,S_4 评估这些地址之间的路线和距离,决定使用车还是自行车更方便些,基于这些决策,S_4 将旅行者的个人信息选择发送给 S_5 和 S_6 中相应的服务。在所有预订工作结束后,最后结束的服务将所有服务运行的反馈返回到门户网站,由系统把预订结果发送到旅行者的移动设备上。在如图 8-13 所示的例子中,服务 S_1 和 S_4 在复合服务中是串行结构,S_2 和 S_3 是并行结构服务,S_5 和 S_6 是选择结构。因为复合服务中原子服务间拓扑结构是多种多样的,很难被服务选择方法直接处理,所以复合服务需要被转换为聚合的简单拓扑结构。由于云计算环境的分布式特性和不同服务的独立开发特点,系统中不可避免地存在重复的服务实例。这里,重复的服务实例是指具有相同功能的服务实例,它们由不同的开发者开发,部署在不同的服务器上,并具有不同的 QoS 特性。因此,对于一个复合服务来说,每个原子服务都存在多个不同非功能属性的服务实例。针对单个原子服务选择最优的服务实例几乎不能保证整个复合服务具有最优的 QoS 属性,寻找满足服务组合请求非功能性要求的服务实例集合是件非常具有挑战性的研究工作,尤其是满足多目标需求。

8.4.2　服务组合系统架构

　　在分布式云计算物理网络中,每个服务器均可以虚拟化为一个或多个覆盖网结点(服务结点),覆盖网结点之间相互连接、通信构成服务覆盖网(Service Overlay Network,

SON)。服务覆盖网将服务结点上提供的原子服务或复合服务动态组成更复杂的复合服务来满足用户的需求。在 SON 中,遗留和新模块都被封装为服务,并实现在不同的服务结点(Service Node,SN)上。重复的服务往往实现在不同的服务结点上,服务结点与底层的云计算物理网络结点绑定。云计算物理网络中的结点可能在地理位置上分布得较为分散,能力千差万别。服务结点间通过覆盖网络链路连接并通过覆盖网连接通信,一条覆盖网连接由一个或多个覆盖网络链路组成,而一条覆盖网络链路又由一条或多条物理网络链路组成。服务都注册在服务目录中。由于服务结点及网络中物理和覆盖网链路的性能差异,实现在不同服务结点上相同功能的服务实例具有的非功能性参数并不相同。在服务选择时,服务目录依据全局 QoS 需求查找并选择合适的服务实例。如图 8-13 所示的旅行预订服务的组合过程如图 8-14 所示。首先,用户终端提交服务组合请求到服务覆盖网的网关(步骤①),请求包含复合服务的功能要求和非功能要求,如子任务信息、子任务之间的关系、输入输出参数、全局 QoS 需求等。网关将请求转发至服务目录(步骤②),服务目录根据任务的功能描述找出相应的服务。之后,服务目录根据全局非功能需求选择最优的服务实例,并按照如图 8-13 所示的顺序调用这些服务实例(步骤③～步骤⑦)。最后,服务组合结果通过网关返回到用户终端(步骤⑧～步骤⑨)。

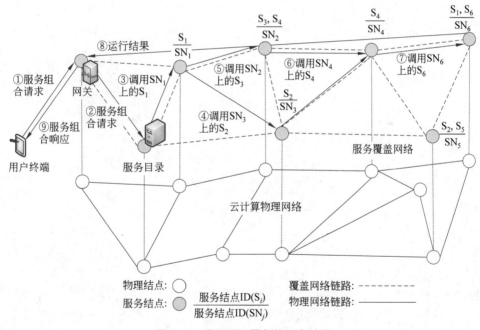

图 8-14 旅行预订服务的组合过程

重 点 小 结

(1) 虚拟数据中心的传输层协议的现状和发展。

(2) MPTCP 是对传统 TCP 的一种扩展,这种扩展使得用户能够在不相关的路径上进行数据传输。

（3）基于软件定义网络的开放虚拟网络构建系统。

（4）云数据中心的主要特点和云计算中的服务组合。

习题与思考

1. 简述 MPTCP。

2. 简述本章提出的基于软件定义网络的开放虚拟网络构建系统包含的功能模块。

任 务 拓 展

根据旅行预订的服务组合示例来理解核心应用聚合云端。

学习成果达成与测评

项目名称	数据中心的资源汇聚技术		学　时	6	学　分	
职业技能等级	中级	职业能力	多路径并发传输与云计算服务组合的应用能力		子任务数	6 个
序　号	评价内容		评价标准			分数
1	TCP Incast 问题及解决方案		能够描述出 TCP Incast 问题,ICTCP 和 DCTCP			
2	多路径传输的技术优势		能举例说明多路径传输的技术优势			
3	MPTCP		能叙述 MPTCP 和 MPTCP 层的主要功能			
4	多路径传输机制		能通过 MPCTP 连接的建立过程梳理多路径传输机制整体流程			
5	云数据中心的主要特点		能简述云数据中心的主要特点			
6	云计算中的服务组合		能使用不同的云服务,进而将它们组合成新的解决方案			
考核评价	项目整体分数(每项评价内容分值为 1 分)					
	指导教师评语					
备注	奖励: 　1. 按照完成质量给予 1~10 分奖励,额外加分不超过 5 分。 　2. 每超额完成 1 个任务,额外加 3 分。 　3. 巩固提升任务完成优秀,额外加 2 分。 惩罚: 　1. 完成任务超过规定时间扣 2 分。 　2. 完成任务有缺项每项扣 2 分。 　3. 任务实施报告编写歪曲事实、个人杜撰或有抄袭内容不予评分。					

学习成果实施报告书

题 目					
班 级		姓 名		学 号	

任务实施报告

　　请简要记述本工作任务学习过程中完成的各项任务,描述任务规划以及实施过程,遇到的重难点以及解决过程,并进行总结,字数要求不低于 800 字。

考核评价(按 10 分制)

教师评语:	态度分数	
	工作量分数	

考 评 规 则

工作量考核标准:
1. 任务完成及时。
2. 操作规范。
3. 实施报告书内容真实可靠,条理清晰,文笔流畅,逻辑性强。
4. 没有完成工作量扣 1 分,故意抄袭实施报告扣 5 分。

参 考 文 献

[1] 王敬宇,孙海峰,廖建新,等. 智慧服务云网络[M]. 北京:人民邮电出版社,2019.

[2] 威廉·斯托林斯. 现代网络技术——SDN、NFV、QoE、物联网和云计算[M]. 胡超,邢长友,陈鸣,
    等译. 北京:机械工业出版社,2020.

[3] 曹畅,唐雄燕,等. 算力网络——云网融合2.0时代的网络架构与关键技术[M]. 北京:电子工业出
    版社,2020.

[4] 李丹,陈贵海,任丰原,等. 数据中心网络的研究进展与趋势[J]. 计算机学报,2015,37(2):
    259-274.

[5] 张朝昆,崔勇,唐蕃袜,等. 软件定义网络(SDN)研究进展[J]. 软件学报,2015,26(1):62-81.

[6] 李丹,刘方明,郭得科,等. 软件定义的云数招中心网络基础理论与关键技术[J]. 电信科学,2014,
    30(6):48-59.

[7] 蒋建锋. SDN关键技术分析与发展趋势[J]. 软件导刊,2015,14(6):161-163.

[8] 左青云,陈鸣. 基于OpenFlow的SDN技术研究[J]. 软件学报,2013,24(5):1081-1083.

[9] 李军,陈震,石希. ICN体系架构与技术研究[J]. 技术研究,2012,(4):76-78.

[10] 吴超,张尧学,周悦芝,等. 信息中心网络发展研究综述[J]. 计算机学报,2015,38(3):457-466.

[11] 唐洁. 软件定义存储构建现代化数据中心[J]. 中国教育网络,2020.

[12] 张朝昆,崔勇,唐嚣嚣,等. 软件定义网络(SDN)研究进展[J]. 软件学报,2015.

[13] 赵河,华一强,郭晓琳. NFV技术的进展和应用场景[J]. 邮电设计技术,2014,(6):62-67.

[14] 孙金霞,孙红芳,韦芳. 关于NFV与SDN的基本概念及应用思考[J]. 电信工程技术与标准化.
    2014,(8):1-5.

[15] 薛海强,张昊. 网络功能虚拟化及其标准化[J]. 中兴通讯技术,2015,21(2):30-34.

[16] 罗萱,黄保青,韦建文,等. 上海交通大学:面向数据中心的软件定义网络[J]. 中国教育网
    络,2013.

[17] 王茜,赵慧玲,解云鹏. SDN标准化和应用场景探讨[J]. 中兴通讯技术,2013,19(5):6-9.

[18] 雷葆华,王峰,王茜. SDN核心技术剖析和实战指南[M]. 北京:电子工业出版社,2013.

[19] 王茜,解云鹏,陈运清. 未来数据网络(FDN的应用场景和需求)[S]. 北京:中国通信标准化协
    会,2013.

[20] 赵慧玲,史凡. SDN/NFV的发展与挑战[J]. 电信科学,2014,(8):13-18.

[21] 杨帆,侯乐青. SDN/AFV技术发展及开放生态分析[J]. 电信网技术,2015,(4):5-9.

[22] 李晨,段晓东,黄璐. 基于SDN和NFV的云数据中心网络服务[J]. 电信网技术,2014,(6):1-5.

[23] 李晨,段晓东,陈炜,等. SDN和NFV的思考与实践[J]. 电信科学,2014,(8):23-27.